高等学校给水排水工程专业指导委员会规划推荐教材

水健康循环导论

李 冬 张 杰 著

蒋展鹏 主审

中国建筑工业出版社

图书在版编目（CIP）数据

水健康循环导论/李冬，张杰著. —北京：中国建筑工业出版社，2008

高等学校给水排水工程专业指导委员会规划推荐教材

ISBN 978-7-112-10130-6

Ⅰ.水… Ⅱ.①李…②张… Ⅲ.水循环－高等学校－教材 Ⅳ.P339

中国版本图书馆CIP数据核字（2008）第182464号

高等学校给水排水工程专业指导委员会规划推荐教材

水健康循环导论

李 冬 张 杰 著

蒋展鹏 主审

*

中国建筑工业出版社出版、发行（北京西郊百万庄）
各地新华书店、建筑书店经销
北京华艺制版公司制版
北京市彩桥印刷有限责任公司印刷

*

开本：787×960毫米 1/16 印张：12 字数：300千字
2009年1月第一版 2009年1月第一次印刷
定价：**20.00**元
ISBN 978-7-112-10130-6
（16933）

版权所有 翻印必究
如有印装质量问题，可寄本社退换
（邮政编码 100037）

本书阐述了人类社会用水循环与自然水文循环相和谐的用水模式,指出了一种新的水资源利用观和一个审视人与自然和谐发展的新视角。全书共分8章:第1章 水循环、水环境与水资源;第2章 水环境恢复机制与方略;第3章 城市水系统健康循环;第4章 水资源利用模式的变革;第5章 城市排水系统功能的变革;第6章 污水再生全流程优化与工艺技术;第7章 流域水环境综合管理;第8章 流域水环境恢复与城市水系统健康循环战略规划实例。

本书可用作给水排水工程、环境工程及相关专业的本科生和研究生的教材,也可用作工程技术人员的参考书。

* * *

责任编辑:王美玲
责任设计:赵明霞
责任校对:刘 钰 王雪竹

前　言

联合国环境署2002年5月22日发布的《全球环境展望》指出"目前全球一般的河流流量大幅减少或被严重污染，世界上80个国家占全球40%的人口严重缺水。如果这一趋势得不到遏制，今后30年内全球55%以上的人口将面临水荒。"2005年中国环境质量公报称"国家环境监测网七大水系的411个地表水监测断面中，Ⅰ～Ⅲ类、Ⅳ～Ⅴ类和劣Ⅴ类水质的比例分别为41%、32%和27%，100个国控省界断面中，Ⅰ～Ⅲ类、Ⅳ～Ⅴ类和劣Ⅴ类水质的比例分别为36%、40%和24%。"实际上，全国江河除源头外，都受到了不同程度的污染。大多数城市下游河段均为Ⅴ类或劣Ⅴ类水体。全国660多座城市中有400多座缺水，其中多数为水质型缺水，水危机已突现在我们面前。

水危机的根源除了世界人口快速增长，工业高度发达的客观原因之外，它的直接原因是：18世纪产业革命之后，兴起的"二元论"自然观。把人类自身从地球生物圈中解放出来，凌驾于自然之上，成为地球的主宰，相信"人定胜天"。采用"高开采、低利用、高排放"的生产、生活方式，野蛮地消耗地球资源，任意污染自然环境，全然不知地球上的资源和环境容量都是有限的。人类对水资源的无度取用，对水环境随意污染和破坏，就使得水环境不堪重负，在某些发达地区出现了有河皆枯、有水皆污的凄惨景象，威胁人类的生存和发展。为此人类进行了深刻反思，寻求人类与自然、资源、环境的和谐。于是"可持续发展"理念和"循环经济"社会生产模式就应运而生。水是不可替代的自然基础资源，是可再生的循环型资源。这就决定了人类社会用水的健康循环是循环型社会的基础。

此前，给水排水工程学科的骨干课程为给水工程和排水工程，分别讲授城市给水系统和排水系统的各种工程技术，使学生具有设计与管理城市给水排水系统的能力。为我国的城市建设和发展作出了重要贡献。这种城市水系统的目的是供给城市安全可靠的工业和生活用水。城市的污水或不经过处理或经过一定处理就及时地尽快地排出城区之外的下游水体，保护城区居民舒适的卫生环境。但是，在人们尽情享受现代给水排水工程技术带来的舒适与便捷的同时，现代水事文明的双刃剑却污染了下游水体乃至全流域。给水排水工程本科与研究生教育遭遇了前所未有的挑战。

为适应这一需要，给水排水工程学科就应从单纯工程技术的研究中解放出来，拓宽其内涵与外延。不但要研究给水排水工程技术，还要研究给水排水系统的社会循环规律,更要研究水的自然循环运动规律以及社会循环与自然循环二者间错综复杂的互动关系。要把城市和城市群放到整个水流域或区域中来研究其水事活动。探求人类社会用水健康循环的道路。达成上游地区的用水循环不影响下游水域的水体功能;水的社会循环不损害水的自然循环的规律。形成流域内城市群间水资源的重复与循环利用,使有限的水资源满足全流域社会经济的持续发展。

世界各国都为此作出了巨大的努力,我国学者也进行了大量的工作,许多高校筹建水资源管理课程,从多方面探求解决水危机的途径。但目前还没有一部适宜的教材供师生们参考。笔者所在的科研团队多年来创立了社会用水健康循环的研究方向,完成了深圳、大连、北京等城市水系统的健康循环方面的规划,培养了多名博士和硕士研究生,出版了专著《水健康循环原理与应用》。深信把这些研究成果、工程实践和国内外有关文献整合起来,可以成为一部适合我国给排水科学与工程(给水排水工程)、环境科学与工程本科与研究生教育的一部好教材——《水健康循环导论》。以增强青年学生珍惜水资源,爱护水环境,注重社会用水健康循环的理念,增强对人类社会生存和发展,对国家经济建设事业发展的使命感和责任感。

全书共分8章。第1章水循环、水环境与水资源,使学生建立水自然循环、社会循环以及其内在联系与机制的整体概念,系统讲解水循环、水资源与水环境的内涵、定义与相互联系,打下"人水和谐"、人与自然和谐的"天人合一"自然观的基础。第2章水环境恢复机制与方略,讲授水环境退化机制,讨论水环境恢复的社会基础,建立水环境恢复的方针和总策略。第3章城市水系统健康循环,建立污水再生、再利用和再循环的人类社会用水的新模式理念,掌握实现社会用水健康循环的策略和方法。第4章水资源利用模式的变革,反思人类社会取水模式的发展过程,提出以流域为单元的上、下游水资源共享的可持续取水模式。第5章城市排水系统功能的变革,讲授城市排水系统的产生、发展和当前遭遇的挑战,提出排水系统新的使命和功能的变革,树立城市排水系统是城市水资源循环和重复利用的枢纽,土壤营养物质循环的纽带,能源与物质回收的基地。第6章污水再生全流程优化与工艺技术,建立从城市原污水水质到再生水水质,统筹设计处理、净化流程,合理分配各处理与净化单元的去除污染物及其负荷的观念,应用省能省资源省投资的实用技术创建污水再生全流程,注重有机物与磷、氮去除的互动关系和物化、生化的协同效益。第7章流域水环境综合管理,讲授我国与世界各国水资源的典型管理模式,提出当前我国水资源、水环境管理模式的欠缺,教授学生水量与水质、上游与下游、生态与社会用水统筹管理的理念。第8章流域水环境恢复与城市水系统健康循环战略规划实例,树立从流域角度建立城市群间水健康循环工程规划的概念,讲授城市再生水供应系统工程规划原理与方法，通过工程实例的分析，学生掌握建立水健康循环工程方案和经济技术比较、投资估算及效益分析等基本知识。

　　本书阐述了人类社会用水循环与自然水文循环相和谐的用水模式，指出了一种新的水资源利用观和一个审视人与自然和谐发展的新视角。希望以水健康循环的理念培养我国水资源与水环境领域新一代人才，并能够将这种创新思想逐步应用到我国各地城市水系统领域中。但愿对改变我国现行的粗放用水模式，恢复碧水清流有所启发。

目 录

第1章 水循环、水环境与水资源 ... 1
1.1 水循环 ... 1
1.1.1 自然界中的水文循环 ... 1
1.1.2 人类社会用水循环 ... 8
1.1.3 水的社会循环与自然循环的关系 ... 8
1.2 水环境 ... 12
1.2.1 水环境含义 ... 12
1.2.2 我国水环境 ... 12
1.2.3 水环境退化根源分析 ... 19
1.3 水资源 ... 24
1.3.1 地球上水的储量 ... 24
1.3.2 循环水资源 ... 26
1.3.3 各地区的水资源量分布格局 ... 27
1.3.4 中国水资源 ... 30

第2章 水环境恢复机制与方略 ... 36
2.1 水环境恢复机制 ... 36
2.2 水环境恢复的社会基础 ... 37
2.3 水环境恢复方略 ... 39

第3章 城市水系统健康循环 ... 43
3.1 全球水循环系统分析 ... 43
3.1.1 地球水循环系统 ... 43
3.1.2 社会水循环系统 ... 44
3.1.3 社会水循环现状 ... 46
3.2 城市水资源和城市水系统 ... 47
3.2.1 城市水资源 ... 47
3.2.2 城市水系统 ... 49
3.2.3 城市水系统的健康循环方略 ... 50

第4章 水资源利用模式的变革 ······ 71
4.1 传统用水模式 ······ 72
4.1.1 纽约的城市供水发展 ······ 74
4.1.2 北京的城市供水发展 ······ 76
4.2 传统用水模式的反思 ······ 78
4.3 取用水模式的革新 ······ 85

第5章 城市排水系统功能的变革 ······ 87
5.1 城市排水系统发展历程与挑战 ······ 87
5.1.1 城市排水系统发展简史 ······ 87
5.1.2 城市排水系统面临的严峻挑战 ······ 88
5.2 城市生态系统物质平衡分析 ······ 91
5.3 21世纪城市排水系统 ······ 92
5.3.1 城市排水系统功能与任务 ······ 92
5.3.2 现代城市排水系统模型 ······ 93
5.3.3 现代城市排水系统规划与设计 ······ 97

第6章 污水再生全流程优化与工艺技术 ······ 101
6.1 污水再生全流程理念 ······ 101
6.2 污水生物除磷与脱氮机理 ······ 104
6.2.1 氮磷与水体污染 ······ 104
6.2.2 城市污水传统除磷脱氮理论 ······ 108
6.3 厌氧—好氧活性污泥法脱氮除磷工艺 ······ 116
6.3.1 厌氧—好氧（A/O）生物除磷工艺 ······ 116
6.3.2 缺氧—好氧（A/O）生物脱氮工艺 ······ 117
6.3.3 厌氧—缺氧—好氧（A^2/O）生物脱氮除磷工艺 ······ 119
6.3.4 UCT工艺、改良UCT工艺及VIP工艺 ······ 120
6.3.5 短程硝化/反硝化工艺 ······ 121
6.3.6 同时硝化—反硝化（SND）工艺 ······ 122
6.4 反硝化除磷工艺 ······ 123
6.4.1 反硝化除磷机理 ······ 123
6.4.2 反硝化除磷工艺的研究进展 ······ 124
6.4.3 生物除磷的影响因素 ······ 127
6.5 厌氧氨氧化生物自养脱氮工艺 ······ 129
6.5.1 厌氧氨氧化菌的发现和厌氧氨氧化过程机制 ······ 129
6.5.2 厌氧氨氧化生物自养脱氮工艺的开发 ······ 131
6.5.3 厌氧氨氧化废水脱氮工艺的应用 ······ 132

	6.5.4 厌氧氨氧化生物自养脱氮工艺应用到城市污水处理所面临的挑战 ········ 134

6.6 好气滤池 ········ 134
6.6.1 好气滤池的构造 ········ 136
6.6.2 好气滤池运行工况参数 ········ 139
6.7 污水再生全流程设计 ········ 139
6.7.1 A/O生物除磷—厌氧氨氧化生物脱氮污水再生流程 ········ 140
6.7.2 A/O除磷—短程硝化/反硝化脱氮污水再生流程 ········ 141
6.7.3 反硝化除磷—好气滤池污水再生流程 ········ 142
6.7.4 倒置反硝化脱氮—化学除磷—好气滤池污水再生流程 ········ 143
6.7.5 A^2O脱氮除磷—好气滤池污水再生流程 ········ 143

第7章 流域水环境综合管理 ········ 144
7.1 水环境管理模式 ········ 144
7.1.1 基本概念 ········ 144
7.1.2 国际社会水环境水资源管理模式的探求 ········ 145
7.1.3 我国水环境管理现状 ········ 146
7.1.4 水环境管理的良好模式——流域综合管理 ········ 151
7.2 面源污染的控制 ········ 154
7.2.1 面源污染的形成 ········ 154
7.2.2 面源污染对水环境的危害 ········ 155
7.2.3 面源污染的控制方法 ········ 156
7.3 工业点源污染的防治 ········ 157
7.3.1 清洁生产 ········ 157
7.3.2 有毒污染物的就地处理处置 ········ 159

第8章 流域水环境恢复与城市水系统健康循环战略规划实例 ········ 161
8.1 深圳特区城市中水道系统规划 ········ 161
8.1.1 创建深圳特区中水道系统的必要性 ········ 162
8.1.2 再生水用户研究 ········ 163
8.1.3 特区污水深度处理与再生水道规模研究 ········ 164
8.1.4 再生水厂与再生水供水管道规划 ········ 164
8.1.5 推荐城市再生水道水质和污水再生全流程 ········ 165
8.1.6 城市再生水道的效益 ········ 167
8.2 北京市水环境恢复与水资源可持续利用战略研究 ········ 167
8.2.1 概况 ········ 167
8.2.2 水资源与水环境现状 ········ 168
8.2.3 北京市水环境恢复与水资源可持续利用方略 ········ 169

  8.2.4 方略实施的预期效果……171
8.3 大连市海水与污水资源战略研究……171
  8.3.1 污水资源战略……172
  8.3.2 海水资源战略……173
  8.3.3 大连市水资源总战略……173
8.4 第二松花江流域水环境恢复战略规划……174
  8.4.1 水系概况……174
  8.4.2 水环境恢复战略研究……175
主要参考文献……180

第1章 水循环、水环境与水资源

1.1 水 循 环

1.1.1 自然界中的水文循环

水是人类生产和生活不可缺少的自然资源,也是世间万物赖以生存、发展的生命之源。生物体中含水量占70%~90%,岩石、土壤也富含水分。如果没有水,物种就要灭绝,人类无以生存,地球将成为一片死寂之地。

1. 水文循环的定义

水在自然界中以固态、液态、气态这三种存在方式在水圈、大气圈、岩石圈、生物圈范围内处于往复不停的循环运动状态中:在太阳辐射和地心吸引力的作用下,水从海洋蒸发变成云(水蒸气),云被风输送到大陆上空,又以雨或雪的形式降到地面,部分蒸发,部分渗入地下或汇入河川形成地下、地表径流,最终又回归大海。水的这种周而复始的循环运动称为水的自然循环,也叫水文循环,如图1-1所示。

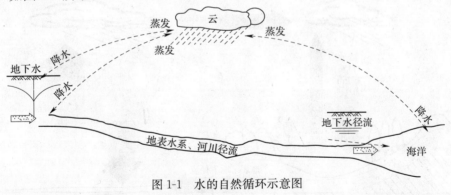

图1-1 水的自然循环示意图

自然水文循环具有诸多显著的特点。其一,自然水循环是一个相对稳定的、错综复杂的动态系统。远非是一个简单的蒸发、降水重复过程。水资源的质与量及其分布状况是自然历史发展的产物,它既有历史继承性的一面,又有不断变化发展新生性的一面。虽然目前还难以详细地研究水文循环历史演化的全貌;但地史学、地貌学、古水文地质及古气候的研究成果已经证明了水文循环是个不断演化的过程。同时,自然水文循环又是一个错综复杂的动态平衡系统。在水循环的过程中涉及蒸发、蒸腾、降水、下渗、径流等各个环节,而且这些环节相互交错进行。例如,蒸发现象既存在于海洋、江河、湖沼和冰雪等水体表面,也存在于土壤、植物的蒸发和蒸腾作用,甚至连动物、人体也无时无地不在进行水分的蒸发。虽然我们常常将蒸发看成是水循环的起点,但是实际上,水的整个循环过程是无始无终的,蒸发贯穿于水循环的全过程,如降水、径流过程中都随时随地存在蒸发现象。正是水循环的这种动态复杂系统特性,使得水在地球上不断得以循环往复更新,滋养着地球上的万物。其二,在水的自然循环中,不但存在水量的平衡关系,而且还存在着水质的动态平衡关系,即水质的可再生性。水质的动态平衡体现在水的蒸发(该过程就是净化过程),随后形成雨、雪降落到地面、自然水体。其所挟带一定量的有机或无机物质在水的地下、地表径流运动中,通过物理稀释、化学反应或微生物的分解,使水质维持在原有水平上,于是形成一个动态的平衡。

2. 水文循环的量

全球淡水补给依赖于海洋表面的蒸发。每年海洋要蒸发掉 $50.5\times10^4 km^3$ 的海水,即约 1.4m 厚的水层。此外,陆地表面还要蒸发 $7.2\times10^4 km^3$。

所有降水中有 80% 降落到海洋,即 $45.8\times10^4 km^3/a$,其余 $11.9\times10^4 km^3/a$ 的降水降落于陆地。每年陆地表面的降水量超过蒸发量,地表降水量和蒸发量之差就形成了全球地表径流和地下水的补给量——大约 $4.7\times10^4 km^3/a$。全球水循环的水量平衡如图 1-2 所示。

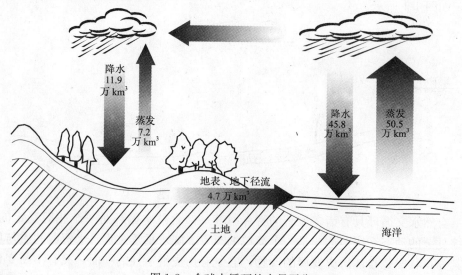

图 1-2 全球水循环的水量平衡

从图 1-2 中可以清楚看出,地球每年的水循环中,海洋以及陆地的蒸发可以看成是水循环的起点,通过蒸发、输送、降水、渗流等复杂的过程,完成水的水文循环运动。

蒸发量的多少在一定程度上影响着当地的降雨和气候。不同地区的蒸发量一般并不相同，有些甚至相差很大。例如，非洲纳米比亚的温德霍克地处高原，沿海为沙漠，西面为大西洋，气候较热，蒸发量大，全年蒸发量为3467mm。而欧洲的莫斯科全年蒸发量为300mm，前者比后者多蒸发近11倍。世界部分城市平均蒸发量见表1-1。

部分城市平均蒸发量　　　　　表1-1

洲	国家	城市	最大月 蒸发量（mm）	月份	最小月 蒸发量（mm）	月份	全年蒸发量（mm）
亚洲	中国	北京*	290	5	55	1	1861
		上海	205	7	54.2	1	1436
		广州	288.7	5～6	24.1	11～1	—
	日本	东京	141.5	8	46.8	12	1062.8
		神户	195.9	8	64.7	12	1383.4
欧洲	葡萄牙	里斯本	210.2	7	59.5	12	1484.2
	俄罗斯	莫斯科	70	5～7	5	11～12	300
非洲	突尼斯	加贝斯	182	7	119	11	1716
	马里	莫普提	223	4	129	12	1983
	尼日尔	尼亚美	219	5	131	8	2057
	肯尼亚	蒙巴萨	239	3	147	7	2353
	赞比亚	马兰巴	304	10	132	6	2303
	马达加斯加	塔那那利沸	143	10	80	6	1172
	纳米比亚	温得霍克	389	10	193	10	3467
	博茨瓦纳	马翁	401	10	178	6	3058
大洋洲	澳大利亚	佩思	263	1	45	7	1688
	澳大利亚	阿利斯斯普林斯	308	1	86	6	2388
	新西兰	惠灵顿	107	1	18	1	686
拉丁美洲	墨西哥	瓜达拉哈拉	284.9	5	119.2	12	2264.9
	尼加拉瓜	马那瓜	392	3	114	10	2771
	波多黎各	圣胡安	202	3，7	137	11	2060
	阿根廷	图库曼	168	1	46	6	1336

注：*北京观象台所在地。

3. 自然水文循环的功能

地球上的各种水体通过蒸发（包括植物蒸腾）、水汽输送、降水、下渗、地表径流和地下径流等一系列过程和环节，把大气圈、水圈、岩石圈和生物圈有机地联系起来，构成一个庞大的水循环系统。在水循环系统中，水在连续不断地运动、转化，使地球上各种水体处于不断更新状态，从而维持全球水的动态平衡。在这一动态循环运动中，自然水文循环给我们带来了丰富的资源和多彩的气象变化。

(1) 水文循环运动影响着全球的气候和生态

首先，水循环影响着全球的气候变化。通过蒸发进入大气的水蒸气是产生云、雨和闪电等现象的主要物质基础，而空气中水蒸气的含量将直接决定区域的湿润状况。水文循环还可使部分海洋水汽流随大气流深入大陆内部，在一定程度减轻内陆的干燥，改变其自然景观。其次，自然水文循环又同时维持着地球热量的平衡。水文循环使得不同时段、不同地域内的水热状况得到重新分配，如水通过蒸发在某个时间和地区将太阳辐射转变为潜能，经过水循环，在另一个时间和地区内又通过降水将潜能释放。海洋中的暖流由低纬地区流向高纬地区时所释放的热量提高了周围地区的气温，寒流由高纬地区流向低纬地区时吸收了热量，降低了周围地区的气温。

(2) 提供生物生存用水，为人类生存发展提供基础

水是万物生命之源，不仅滋养着世界万物，而且对人类的生存发展和食物生产更是具有不可替代的作用。随着社会的发展，人类对水的需求量也日益增加，据统计资料显示，20世纪90年代全球水的年使用量达 $30000 \times 10^8 \text{m}^3$，较300年前增长了35倍。降水和径流正是滋养着万物和人类生存发展的物质基础。

(3) 巨大的能源基地

地表水体载舟航运是自远古以来利用频率最高的一项功能，而温度较高的地下水又是一种干净的热能资源。此外水力发电的开发和利用又为人类开辟了另一个巨大的能源基地。据世界能源会议的资料记载，全世界的水能资源理论容量为 $50.5 \times 10^8 \text{kW}$，可能开发的水能资源储算装机容量为 $22.61 \times 10^8 \text{kW}$，占理论容量的45%。而地球上水能资源的储量及可开发的水能资源的分布不均匀。各洲可能开发的水资源量见表1-2和图1-3。

各洲可能开发的水资源量（UNESCO，1985） 表1-2

地点	可能开发的装机容量 ($\times 10^8 \text{kW}$)	可能开发的水能发电量 (太千瓦时/a)	陆地面积 (km^2)	每平方公里可能开发的水能发电量 ($10^4 \text{kW} \cdot \text{h/a}$)
亚洲	9.05	3.54	4348	8.14
欧洲	2.63	0.92	1050	8.76

续表

地点	可能开发的装机容量（×10⁸kW）	可能开发的水能发电量（太千瓦时/a）	陆地面积（km²）	每平方公里可能开发的水能发电量（10⁴kW·h/a）
非洲	4.37	2.02	3012	6.71
南美洲	3.29	1.85	3061	8.98
北美洲	2.90	1.27	2139	5.94
大洋洲	0.37	0.20	895	2.26
总计	22.61	9.80	14505	6.80

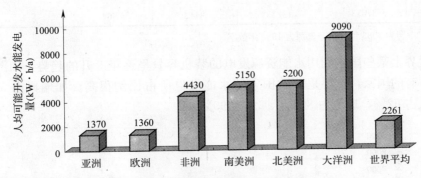

图 1-3　各洲人均可能开发水能发电量

世界各地水能资源的利用率也因地而异。1950 年全世界利用水能资源发电的装机容量为 7120×10^4 kW，年发电量为 3324×10^8 kW·h，占可能开发电量的 3.9%。1980 年装机容量已发展到 4.6×10^8 kW，总发电量为 1.75 太千瓦时，开发利用程度为 18%，有的国家如瑞士、法国、意大利的开发利用率已超过 90%，见表 1-3。

世界部分国家水能资源开发程度　　　　　表 1-3

国家	可开发水能资源		1984 年水能开发		水能资源利用程度（%）
	装机容量（10⁴kW）	发电量（10⁸kW·h）	装机容量（10⁴kW）	发电量（10⁸kW·h）	
美国	17860	7015	8180	3244	46
前苏联	26900	10950	5870	2029	19
加拿大	15290	5352	5488	2862	53
日本	4960	1338	3396	767	59
巴西	21300	12000	2727	1269	11
法国	2100	699	2144	682	95

续表

国家	可开发水能资源		1984年水能开发		水能资源利用程度（%）
	装机容量 (10^4 kW)	发电量 (10^8 kW·h)	装机容量 (10^4 kW)	发电量 (10^8 kW·h)	
挪威	2960	1210	2270	1063	82
意大利	1920	506	1734	454	90
瑞典	2010	1003	1445	686	68
西班牙	2933	675	1523	334	49
印度	7000	320	1431	469	17
瑞士	1200	2800	1148	312	98
中国	37853	19233	2416	864	4.5

注：中国为1983年数字，巴西为1980年数字。

世界上某些国家利用水能资源发电的装机容量呈逐年上升的趋势，如图1-4所示。有的国家，主要是北欧国家的水能发电所占比例很高。如瑞典占55%，加拿大占62%，瑞士占80%，挪威占99%。

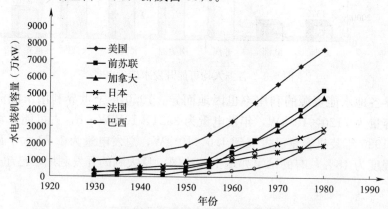

图1-4　世界部分国家水电装机容量发展情况

我国水能资源丰富，各大水系蕴藏量见表1-4。

中国各水系水能蕴藏量（天津师范大学等，1988）　　　表1-4

水系	可能装机量 (10^4 kW)	可能发电量 (10^8 kW·h/a)	发电量占全国（%）
长江	26801.77	23478.4	39.6
黄河	4054.80	3552.0	6.0
珠江	3348.37	2933.2	5.0
海滦河	294.40	257.9	0.4

续表

水　系	可能装机量 (10^4 kW)	可能发电量 (10^8 kW·h/a)	发电量占全国 (%)
淮河	144.96	127.0	0.2
东北诸河	1530.60	1340.5	2.3
东南沿海诸河	2066.78	1810.5	3.1
西南沿海诸河	9690.15	8486.6	14.3
雅鲁藏布江及西藏其他诸河	15974.33	13993.5	23.6
北方内陆及新疆诸河	3698.55	3239.9	5.5
全国	67604.71	59219.5	100

但是，水能开发应是有节制的，不可影响流域水文循环的基本状况。要保障河川基本径流量和全流域的生态需水量。那种竭泽而渔，修了一座大坝，干了一条流域的蠢事断然不可为。因此，水库建设要以径流调节为先，权衡发电、灌溉和上、下游水体功能。

水不仅滋养着地球上的生命，也在塑造地球表层的形态和结构。水在往复不断的循环中，不断地冲刷地表，将地球表层的土壤、泥沙等携带入海洋，参与形成了地球表面纵横交错、千姿百态的地貌结构和奇妙风景。在世界很多大河中，河流的输沙量是一个很惊人的数字。例如我国黄河，每年输送的泥沙量大约为 16×10^8 t。长江年输沙量接近黄河的一半。印度恒河的年均输沙量接近黄河，恒河水沙多的情况早已为当地的人们所熟知，乃至在佛经中也常以"恒河沙数"比喻数不胜数。

世界部分大河平均年径流量与输沙量的情况见表 1-5。

表 1-5　世界部分大河平均年径流量与输沙量

河流名称	所在国家或地区	流域面积 (10^3 km^2)	平均流量 (m^3/s)	平均年输沙量 (10^8 t)
黄河	中国	752	1050	8.392（利津站 1952~2000）
长江	中国	1800	28700	4.330（大通站 1950~2000）
恒河	印度，孟加拉国	960	12000	15.000
科罗拉多河	美国，墨西哥	640	170	1.400
密西西比河	美国	3200	19000	3.100
亚马逊河	南美洲	6100	190000	3.600
刚果河	非洲	4000	42,000	0.630
叶尼塞河	俄罗斯	2500	18000	0.110

1.1.2 人类社会用水循环

1. 社会水循环概念

水的社会循环是指在水的自然循环当中,人类连续不断地利用其中的地下或地表径流满足生活与生产活动之需,而产生从自然水体中取水,使用过后又排回自然水体的人工水循环。最典型的社会水循环莫过于城市用水了,例如,城市从自然水体中取水,经过净化处理后供给工业、商业、市政和居民使用,用后的废水经排水系统输送到污水处理厂,处理之后又排回自然水体,如图 1-5 所示。

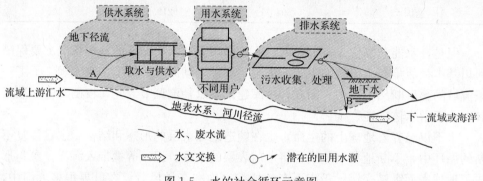

图 1-5 水的社会循环示意图

2. 社会水循环系统的组成

由图 1-5 可以看出,水的社会循环系统可分成给水系统和排水系统两大部分,这两部分是不可分割的统一有机体。给水系统是自然水的提取、加工、供应和使用过程,它好比是水社会循环的动脉;而用后污水的收集、处理与排放这一排水系统则是水社会循环的静脉,两者不可偏废任何一方。在这之中,人类使用后的污水若不经深度处理使污水得以再生就直接排入水体,超出了水体自净的能力,则自然健康的水体将被破坏,水质遭受污染,从而也将进一步影响人类对水资源的利用。由此可见,在水的社会循环中,用后废水的收集与处理系统是能否维持水社会循环可持续性的关键,是连接水社会循环与自然循环的纽带。

1.1.3 水的社会循环与自然循环的关系

社会循环是水自然水文循环的一个附加组成部分,是水文循环的一个带有人类印记的特殊的水循环类型。即使是这样,社会循环仍旧包括于水的自然循环之中,并且对它产生强烈的相互交流作用,不同程度地改变着世界上水的循环运动。

图 1-6 为水的自然循环和城市用水循环复合系统示意图。

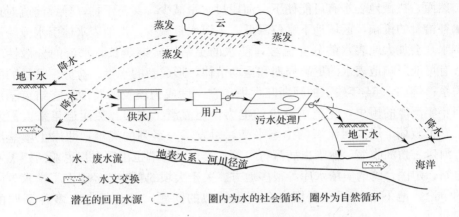

图 1-6 水的自然和城市用水循环复合系统示意图

由图 1-6 中可以清楚地看出，水的自然循环和社会循环交织在一起，水的社会循环依赖于自然循环，又对水的自然循环造成了不可忽视的负面影响。实际上，图 1-6 仅仅是对水循环的一个简化示意图，人类社会水循环不仅仅包括从河道取水供自身之饮用和生活，也包括为了维持工农业生产和用于获取水力能源的用水循环。而且，在某种程度上，其循环流量往往更加庞大而又易于被忽略。

开发利用水资源是人类对水资源时空分布进行干预的直接方式。修建水库、水坝、引水渠、开采地下水等等，通过人为干扰，使自然系统的结构以及物能传输过程发生改变，形成新的水文情势。在人类大兴水利带来巨大生产效益、能源效益的同时，这把"双刃剑"的弊端也日益显现出来。社会用水循环对自然水循环的负面影响主要包括以下几点：

1. 水文循环的途径被改变——时空变化

由于人类活动的介入，使得地球上水的循环——完全按照自然循环规律进行的水文循环的途径发生了相应的变化。例如，人工创造的"水往高处流"、"人工降雨技术"等等，把本来不是在某个地方的水资源转移到某地以获取更大的利益。人工水库、人工运河、大坝、长距离跨流域引水等水利工程都大规模地截流水量，改变水循环的途径，这些水事活动对于地球上水的循环是一个不可忽视的影响，都不同程度地影响了当地的水文循环，进而也影响着全球的水循环和热量平衡。

目前发达国家的水电开发率平均已经达到 60% 以上，有的国家甚至高达 90% 以上。中国是世界上拥有大坝最多的国家，迄今为止除了怒江和雅鲁藏布江，所有大小江河的干流或支流上都有密如蛛网的水坝，总数竟然超过数万座，至 2003 年底，中国在建的水电大坝（坝高大于等于 30m）有 164 座。大坝已经被看做是解决洪水或水灾、解决能源供需矛盾和实现大面积农业灌溉的优先选择。然而，拦截地表水有可能使下游河段过水量减少，甚至干枯，导致河流对地下水补给量的锐减，区域地下水位降低，入海水量减少；从地表水体引水或跨流域调水，会加大地表水的分支流域，使水的更新周转期延长，水流的分散性增强，有可能影响地表水的更新周期和运动节律，形成新的水量、盐分、沙量的平衡关系；例如1964年竣工的阿斯旺大坝，它一度成为埃及的骄傲，它结束了尼罗河年年泛滥的历史，生产了廉价的电力，还灌溉了农田。然而近年来人们发现，它也破坏了尼罗河流域的生态平衡，引发了一系列的灾难：两岸土壤盐渍化，河口三角洲收缩，血吸虫病流行等等。类似的弊端也出现在肯尼亚的姆韦亚水电站、中国台湾的美浓水库等很多地方。关于大坝的影响曾经引发了学术界广泛的争论，地下水的开发利用也会产生类似的问题，目前仍存在多种不同的认识。

2. 水文循环量发生变化

人类提取的径流量每年达到全球可更新水资源总量的10％左右，显著地改变了地表河流的入海量，使得不同层次上水循环的量发生了显著的变化。

据加拿大安大略都市排水委员会的研究成果：在城市化前，当地降水量中大约有50％入渗补给地下水，10％形成地表径流，40％消耗于蒸腾蒸发；城市化后，地下水的补给量明显减少，一般只有32％，蒸腾蒸发减少为25％，由下水道排放的地表径流急剧增大到43％（其中13％为屋顶产流），与此同时，由于大量生活污水进入河网，加上城市的面、点源污染，地表水和地下水的水质也都发生了明显变化。

再如咸海，咸海是世界上较大的内陆湖，是阿姆河与锡尔河的归宿，流域面积为 $67\times10^4 km^2$，水域面积为 $6.45\times10^4 km^2$，平均容积 $1000 km^3$，水深大部分为20~25m，最深达67m。50年代后，由于阿姆河、锡尔河上游兴建水库，开挖运河，扩大灌溉面积，使两河从原来入海水量 $54.8\times10^8 m^3$ 减少到 $30\times10^8 m^3$，1960到1973年间水位下降3.5m，水面面积缩小 $7000 km^2$，1974年后锡尔河已基本上没有长年入海径流，阿姆河的入海径流也减少了75％。到1979年咸海水位下降5m，水面缩小 $1.08\times10^4 km^2$。到1980年9月水位下降7m，水面缩小 $1.5\times10^4 km^2$。在这个过程中海水含盐量不断增高：1965年为10％，1970年为11.48％，1975年为12.68％，1980年为16％；渔业产量大幅度下降：1963年捕捞量为 48×10^4 公担，1975年减少了2/3，1979年只有 $(4\sim5)\times10^4$ 公担。

埃及阿斯旺水库的建成，引起了地下水分布状况变化，使埃及中部和北部地区地下水埋深变小，土壤盐碱化的面积以惊人的速度增长，非洲血吸虫病和疟疾则成了埃及永久性的难题。水库的建成也使尼罗河的水质发生变化。东地中海的海洋生物也因缺少尼罗河泥沙中的营养成分，浮游生物减少了1/3，致使埃及的渔业遭受巨大损失。

3. 径流水质的变化

水体经过人类用水循环的干扰以后，其水中化学物质的种类和数量都有了极大增加。污染源包括未处理的污水、化学排放物、石油的泄漏和外溢、倾倒在废旧矿坑和矿井中的垃圾，以及从农田中冲刷出和渗入地下的农用化学品。人类活动排出的废水中通常具有大量的氮、磷等营养物质，排入水体后易引起富营养化情况的产生，从而可导致水体缺氧、黑臭、鱼类等水生生物死亡。其实，水质退化问题常常和水资源的可用量下降同样严重，甚至是更加重要，但是长期以来却很少有人重视这个问题，特别是在不发达地区。

在人类发展史上，大约一万年以前出现的"农业革命"，把人类从只是单纯作为自然生态系统食物链的天然环节中解放出来，逐步发展了生产力，促进了人类初步的稳定繁衍。从18世纪开始的"工业革命"，人类攫取自然资源的能力以及高度膨胀的消费欲望，极大地刺激着生产力的发展，但是，长期以来，水环境退化却没有得到世人应有的重视，致使水质污染情况日趋严重。这种局面直到19世纪中期，世界发达地区爆发的各种大规模流行病才得以关注。

人类活动对水质的破坏与影响事例比比皆是。世界主要河流半数以上已经被严重地耗竭和污染，周围的生态系统受到毒害，并使其质量下降，威胁着依赖这些生态系统的人们的健康和生计。

以我国水体污染情况为例。根据水利部水文局最新统计信息表明，2002年我国的长江、黄河、松辽、珠江、海河、淮河、太湖流域及浙闽片、内陆片主要河道重点评价的河段中，各类水所占的比例分别为：Ⅰ类水质为5.6%，Ⅱ类水质为33.1%，Ⅲ类水质为26.0%，Ⅳ类水质为12.2%，Ⅴ类水质为5.6%，劣Ⅴ类水质为17.5%。另据国家环保总局《2003中国环境状况质量公报》，全国七大水系有一半以上河段被污染，1/3河段为劣Ⅴ类；辽河、海河、淮河污染严重，甚至个别地区无饮用水；城市内及其附近的湖泊普遍已严重富营养化，如巢湖、滇池、太湖等淡水湖泊藻类疯长，威胁着城市用水安全；内海海湾富营养化态势加剧，赤潮发生频次和面积大幅增加，我国的水环境状况已到了危险的境地。此外，全国以地下水源为主的城市，地下水几乎全部受到不同程度的污染。

虽然社会水循环对自然水循环造成了强烈的冲击，施加着不可忽视的影响。但是，只要在水的社会循环中，注意遵循水的自然循环规律，节制用水，不轻易跨流域调水；重视污水的处理程度，使得排放到自然水体中的再生水能够满足水体自净的环境容量要求，就不会破坏水的自然循环，从而使自然界有限的淡水资源能够为人类重复地、持续地利用。在水的社会循环中，将污水深度处理后的再生水应用于工业、农业等多个方面，对于解决我国水危机更有其现实意义。

1.2 水 环 境

1.2.1 水环境含义

所谓水环境就是水域水量、水质、水生生物、周边（两岸）多生态系与景观以及当地社会水文化共同构筑的区域生态环境。区域蒸发、降水、径流的水文循环是其动态平衡的要素。水环境其实是水生态环境，他是流域（区域）性的。人类严重的局部生产、生活活动，如一座大量排污的城镇或城市群，一座大坝的建成，大面积草原的开垦，森林过度砍伐都是可以引起区域（流域）水生态环境变化的。自古以来，人类文明的兴衰与水环境都是息息相关的。在奔流不息的江河边，涌现了一个又一个的地球文明。从埃及的尼罗河到古巴比伦的两河流域，从印度的恒河到中国的黄河，这些地球上最早的文明起源有哪一个不是与水息息相关的？即便是近代，许多著名的国际大都市也都是依水靠海而建的。与此同时，无论是苏美尔文明的衰落，抑或是玛雅文明的消亡，还是楼兰古国的湮没，无不是与人类无度发展所造成的灾难性水危机密切相关。

但是人们对此的认识却是远远滞后的。18世纪产业革命以后，尤其是近半个世纪以来，人类社会采取的是无度消费、大量废弃的方式，致使大自然不堪重负，环境受到破坏，人类的生存发展受到威胁。

目前世界上许多国家和地区已经不同程度地出现水环境危机，水污染与水资源紧缺已经成为当今世界许多国家社会经济发展的制约因素。联合国环境署2002年5月22日发布的《全球环境展望》指出："目前全球一半的河流水量大幅度减少或被严重污染，世界上80个国家或占全球40%的人口严重缺水。如果这一趋势得不到遏制，今后30年内，全球55%以上的人口将面临水荒。"如何应对迫在眉睫的水资源和水环境危机，实现社会经济可持续发展的目标已经成为各国迫切需要解决的现实问题。

1.2.2 我国水环境

1. 我国社会水循环现状模型与分析

目前，我国水循环的模型如图1-7所示。

由图1-7中可以清楚地看出，目前我国总体上水循环是一种粗放式、单向流的社会用水循环。即从流域上游或地下水含水层中取水，经过用户一次利用之后，基本排放至下游水体中。在整个水循环过程中，水只是一次性得到利用，并没有形成负反馈机制。工农业发展、生活用水的增长全部依靠增加自然水资源的开采量来得到满足，从而造成了取水量的需求不断加大，社会水循环流量不断增

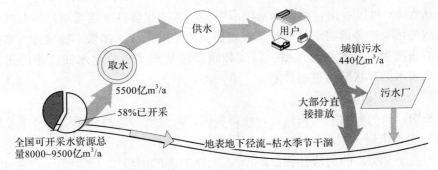

图 1-7 我国水循环现状（2002）

大，缺水压力愈加紧迫的严峻局面。

全国可开采水资源总量的 58% 已经被使用，而产生的大量污水大部分直接排放，只有很少一部分进行了处理。排放水量之大、处理率之微、处理程度之低都不足以遏制水环境退化的趋势。相反，就全国范围内总体而言，社会水循环对自然水文大循环的干扰不断加剧，其矛盾在某些流域和地区已经非常尖锐，成为社会经济发展的障碍、人类生存的威胁。

全国可开采利用水资源量，不考虑从西南调水，扣除生态环境用水后约为 $(8000\sim9500)\times10^8\,m^3$。2050 年全国需水量可能达到 $(7000\sim8000)\times10^8\,m^3$，届时将接近可开采水资源的极限。

到 21 世纪中叶，我国城市污水仍有较大增长，杨青山预测的流域分区城市废污水排放量见表 1-6。其中生活污水增长量占据了增长量的较大份额。

流域分区城市废污水排放量预测　　　　　　表 1-6

单位：$10^8\,m^3$

项目 分区	工业				生活				总计			
	2030 年		2050 年		2030 年		2050 年		2030 年		2050 年	
	高	低	高	低	高	低	高	低	高	低	高	低
全国	781	590	1059	711	284	266	450	414	1065	856	1509	1125
松辽河	75	59	104	64	34	30	40	37	109	89	144	101
海滦河	45	35	55	37	38	25	57	53	83	70	112	90
淮河	66	51	95	61	32	32	62	54	98	83	157	115
黄河	47	36	62	41	18	16	26	25	65	52	88	66
长江	364	266	492	340	89	81	136	128	453	347	628	468
珠江	114	90	151	101	52	51	87	82	166	141	238	183
东南诸河	40	31	45	30	15	16	28	25	55	47	73	55
西南诸河	7	6	15	11	2	2	5	4	9	8	20	15
内陆河	23	16	40	26	4	3	9	6	27	19	49	32

从表 1-6 可以看出，我国未来城市废、污水排放量将继续增加，届时城市污水排放的污染物负荷将对城市排水设施提出严峻的挑战。如果不能维持污水处理设施的快速普及，污水处理率、深度和超深度处理率、再生水回用率的迅速提高，未来水循环状况将更加严峻。

2. 水环境退化状况

长期以来的粗放型增长模式，使得我国江河流域普遍遭到污染，且呈发展趋势。20 世纪末对全国 5.5×10^4 km 河段的调查表明，水质污染严重而不能用于灌溉（即劣于Ⅴ类）的河段约占 23.3%；鱼虾绝迹的河段 2.4×10^4 km，占 45%；不能满足Ⅲ类水质标准的河段占 85.9%，其生态功能已严重衰退。

虽然近年来城市污水处理设施基础建设速度加快，城市污水处理率逐步提升。但是由于历史原因以及城市污水处理厂与污水管网建设不配套、运行资金缺乏、监督体制不完善等诸多原因，污水处理率，尤其是污水的真实处理率相当低，我国水环境质量还远没有得到改善，甚至在很多地区仍在退化。

（1）河流水环境质量现状

1993～2002 年河流水环境质量如图 1-8 所示。从图中可见，我国河流水质总体趋势是Ⅰ～Ⅱ类水体所占比例不断下降，劣Ⅴ类水体比例居高不下，河流水质退化的趋势仍未得到遏制。

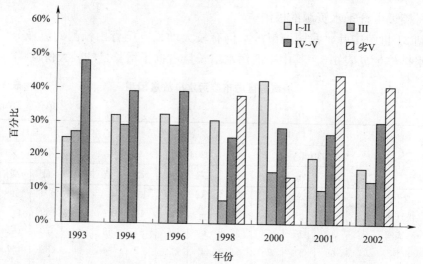

注：资料摘编自历年环境公报；1996 年前公报数据中无明确注明劣Ⅴ类类别。

图 1-8　1993～2002 年我国河流水质

2002 年，七大水系 741 个重点监测断面中，29.1% 的断面满足Ⅰ～Ⅲ类水质要求，30.0% 的断面属Ⅳ、Ⅴ类水质，40.9% 的断面属劣Ⅴ类水质，如图 1-9 所示。

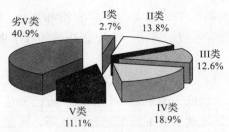

图 1-9　2002 年七大水系水质类别比例

(2) 湖泊

我国主要湖泊氮、磷污染较重，富营养化问题突出。湖泊营养状态评价指标参数选用总磷、总无机氮、高锰酸盐指数、叶绿素 a 和透明度 5 项。由参数实测值按评分标准得出单参数各点评分值和全湖均值，加和计算综合评分值，按分级标准判断营养状况类别。滇池草海为重度富营养状态，太湖和巢湖为轻度富营养状态，如图 1-10 所示。三湖水质基本以 V 类、劣 V 类为主，以太湖为例，2002 年太湖水质类别如图 1-11 所示。

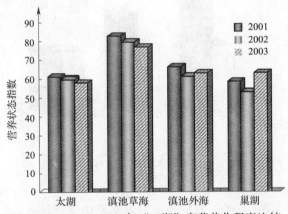

图 1-10　2001～2003 年"三湖"富营养化程度比较

洞庭湖、达赉湖、洪泽湖、兴凯湖、南四湖、博斯腾湖、洱海和镜泊湖这 8 个大型淡水湖泊中，除了兴凯湖水质达到 II 类水质标准，洞庭湖和镜泊湖水质达到 IV 类水质标准外，其他湖泊均为 V 类或劣 V 类。

(3) 地下水

全国大部分城市和地区地下水水质仍呈退化趋势。在人口密集和工业化程度较高的城市中心区尤为显著，并且污染特征以有机污染为主。

我国地下水超采严重，尤其是以开采地下水为主的北方城市。其中华北、西北

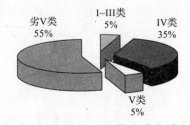

图 1-11　2002 年太湖湖体水质类别比例

城市利用地下水的比例高达 2/3 以上。许多省市和地区，如河北省、北京、天津、呼和浩特、沈阳、哈尔滨、济南、太原、郑州等省市地下水都已超采或者严重超采。

华北平原深层地下水已经形成了跨冀、京、津、鲁的区域地下水降落漏斗，有近 $7\times10^4 \text{km}^2$ 的地下水水位低于海平面，整个河北省已形成 20 多个漏斗区，总面积达 $4\times10^4 \text{km}^2$ 左右。区域地下水下降引起地面沉降，使湿地大面积萎缩或消失、地表植被破坏，导致生态环境退化。这又进一步加剧了地下水的污染，尤其是浅层地下水的污染。促使加大深层地下水的开采，进一步造成超采和生态破坏。

近年来，地下水下降情况有所缓解。2002 年全国 218 个主要地下水水位监测城市和地区中，有 75 个城市和地区水位有所回升，回升区所占比例为 34%；地下水位以下降为主的区域所占比例为 50%。2001～2003 年我国地下水水位变化情况如图 1-12 所示。

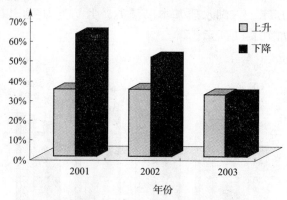

图 1-12 我国地下水水位上升与下降地区比例

（4）近海海域

由于受陆源污染的影响，我国近海海域水质也受到较重污染。四大海区中黄海、南海水质较好，渤海、东海水质较差。20 世纪 90 年代近海水质劣于 I 类水质标准的面积变化情况如图 1-13 所示。

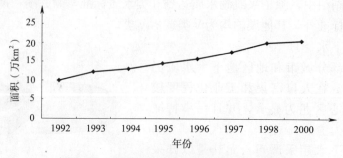

图 1-13 近海水质劣于 I 类水质标准的面积

由图 1-13 可见，上世纪 90 年代近海海域污染不断加剧，Ⅰ类海水面积不断下降。21 世纪初全国近岸海域水质变化情况如图 1-14 所示。

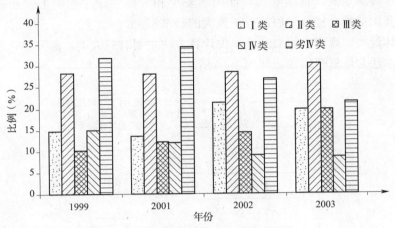

图 1-14　近年近岸海域水质变化情况

由图 1-14 可见，近年来，虽然劣Ⅳ类海水比例稍有下降，但是所占比例仍超过 1/5 海域以上，近岸海域局部污染仍然较重。

近海海域水质污染也导致了近年来我国近海赤潮发生次数呈明显增加的趋势。据统计，1990 年到 1999 年间，我国近海累计发现赤潮 200 余次，平均每年 20 起。2000～2003 年，我国近海已经发现赤潮 303 次，赤潮爆发频率急剧上升。其中 2002 年赤潮发生次数为 79 次，2003 年更跃升为 119 次。赤潮爆发面积也大幅增长，近年来每年赤潮面积累计均超过 10000km²。2000 年 5 月中旬浙江台州列岛海域爆发世界罕见的特大型赤潮，赤潮面积超过了 5800km²。

1989～2003 年我国近海赤潮发生频次情况如图 1-15 所示。

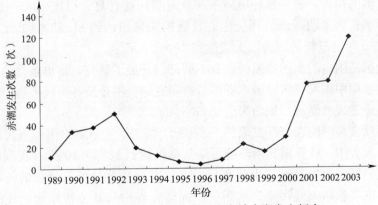

图 1-15　1989～2003 我国近海海域赤潮发生频次

3. 水污染损失

我国江河、湖泊和海域普遍受到污染，污染态势至今仍未得到遏制。水污染加剧了水资源短缺，直接威胁着饮用水安全和人民健康，影响工农业和渔业生产，给我国的社会经济发展造成了重大的经济损失。

总体说来，现有水污染经济损失计算方法主要有三大类，即分类计算法、计量经济学法和恢复费用法，如图 1-16 所示。

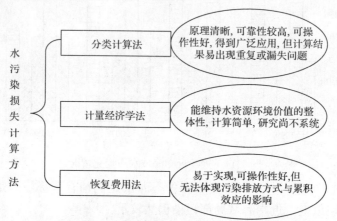

图 1-16　现有水污染经济损失计算方法

因为各种计算水污染损失的途径和方法不一，不同方法对有关参数变量的选取和取值也存在较大差异，所以计算结果也不尽相同。

1992 年中国社会科学院、1993 年国家环境保护局计算的黄河流域水污染损失分别占流域 GNP1.8% 和 2.1%。刘玉林等人根据调查统计结果得出，1997 年黄河流域水污染危害损失值约占流域 GNP 的 2.4%。

王红瑞等人仅以水环境的容量价值损失代替由于地表水污染而引起的环境资源功能价值的损失，采用水环境质量的恢复费用法计算，得出 1981～2000 年北京市由于水资源紧缺造成的环境生态价值损失累积达到 85.69×10^8 元，其中仅 1998～2000 年这三年的污染损失就达到 40×10^8 元。

就全国范围内的水污染损失也有不同部门开展了研究，得出各自的水污染损失数据。根据中国可持续发展水资源战略研究综合报告及各专题报告，目前中国每年水污染造成的经济损失约为全年 GNP 的 1.5%～3%。

中国社会科学院在公开发表的一份关于 "90 年代中期中国环境污染经济损失估算" 报告中，计算出我国环境污染年损失达到 1875×10^8 元（我国因为环境污染造成的经济损失远远超出此数目，该数字只是部分可以计算的环境损失）。这些损失主要包括大气污染、水污染、固体废弃物和其他污染物造成的经济损失。其中，水污染造成的经济损失达到 1429×10^8 元/a，占环境污染造成的全部经济损失值的 76.2%。

虽然由于计算方法不够完善和统一,具体的损失数字有所不同,但是水污染导致的巨大损失是一致的。

水污染不仅在我国,在很多发展中国家,甚至是在发达国家,都普遍存在并带来巨额的损失。据保守估计,印度每年由于环境破坏而导致的经济损失高达 $100×10^8$ 美元,相当于 1992 年 GDP 的 4.5%。其中,每年城市环境污染造成的经济损失为 $13×10^8$ 美元;水质退化及其人民健康损失为 $57×10^8$ 美元,几乎占了全部损失的 3/5;土地退化引起的农作物产量损失约有 $24×10^8$ 美元;森林砍伐造成的损失为 $2.14×10^8$ 美元。另据报道,美国 20 世纪 70 年代中期环境污染造成的损失为 $500×10^8$ 美元,占 GNP 的 5%,其中水污染造成的损失为 $200×10^8$ 美元,占 GNP 的 2%。欧洲经济委员会在 1988 年出版的《2000 年经济展望》报告中指出,欧共体成员国环境污染损失占 GDP 的 3%~5%。原联邦德国 1983 年环境污染损失占 GNP 的 6%。

这些数据给予我们鲜明的警示,如果我国从现在开始仍然不能够采取切实有效的措施遏制水污染,其带来的损失还将继续增长。从而不仅在一定程度上抵消了我国的经济增长,并且可能造成无法逆转的环境后果。

1.2.3 水环境退化根源分析

在过去的许多分析研究中,都将自然因素如水资源分布不均作为引起水问题的重要原因。其实,从世界水资源的天然分布来看,这种观点是值得商榷的。自然界存在的水是以它固有的、历经亿万年地球化学变化过程形成的世界分布格局存在于地球上的(按照地理地质形成的流域分布与海洋分布,包括水本身的水量与水质都有它自身的规律)。它与其他自然资源如土地、森林、矿产等一样各自按照自身形成的规律散布于地球各处。

自然因素本身(水资源时空分布不均、与其他资源分布不协调等)不应该被视为水问题的原因。应该被视为水资源与水环境条件的客观存在,以免在分析研究时掩盖了水问题的真正原因,忽略了水环境退化产生的实质,从而得出错误的判断和结论,影响水环境退化问题的彻底解决。

翻开人类发展史,不难发现环境退化问题的产生与发展是与人类的产生和发展相伴相随的。从原始社会进行的采集狩猎,到农业社会的农田种植和动物养殖,再到工业社会的机器化生产与开发,人类也逐渐从原本是单纯依附于自然界生物网的一隅,转变成地球生态系统的顶级群落与主宰力量,逐渐具有强大的影响和改变地球生态环境的能力。随着人类社会经济的发展和人口数量的大幅增加,资源利用与废弃物数量越来越大,污染物质种类越来越多,而大多数是自然界没有的人工合成化学物质又都属于难降解、毒性强的物质,自然界很难消纳这些污染物,因此,世界范围内的环境退化也随之变得越来越严重。

其中水资源的利用和水环境污染尤为突出。人类诞生之初的用水与其他动物如马、牛、羊、鹿等没有两样,是自然界生态系统的纯粹天然组成。但是,农业革命之后,人类生产力有了大幅提高,开发的农田灌溉系统已经开始展现出对局部水自然循环与水环境的强烈影响力。然而在农业社会的大部分时期,许多国家如中国,很大程度上还是奉行朴素的"天人合一"这样一种与自然协调的思想。因此,当时的水资源与水环境退化大多仅限于局部地区。

18世纪产业革命以后,尤其是近半个世纪以来,西方的"二元论"哲学以及在此指导下的传统经济学理论——由亚当·斯密、李嘉图创立的西方传统经济学提出追求最大限度地开发自然资源、最大限度地创造社会财富、最大限度地获取利润的思想在世界各地大行其道。这种目标和指导,促使了人类社会对自然资源的过度开采和使用,物质利益成为人们的终极追求。城市以烟囱林立而自豪[64],工业污染成了繁荣的象征。人类社会采取的这种无度消费、大量废弃的方式,使得由人口剧增带来的压力更加突出,导致经济增长依靠资源的消耗增加来维持。例如发达国家的经验表明,社会总产值每增加1%,废水排放量则增加0.26%,工业总产值每增加10%,工业废水排放量则增加0.17%。在发展中国家,废水排放量数值可能还要大得多。长此以往,这种过量开采、大量废弃的资源利用方式终将造成水资源的不可持续利用,人类的生存和发展受到威胁、人类社会不能持续发展。

时至今日,水资源的利用量和污水产生量在过去数个世纪中都呈现典型的指数型增长。全世界8%的可更新淡水资源,或者54%可方便利用的水资源已经被人类利用。中国目前水资源利用量已经占可开采水资源潜力的50%左右,在海河流域,这个数字已经超过70%。人类社会用水对自然界施加的压力越来越大。

但是长期以来,人们对水资源的脆弱性没有足够的重视。在用水量迅猛增长的同时,污染物的处理却没能得到应有的提高。污水收集与处理系统发展滞后,污水处理率与处理程度低下,污水未经处理或处理不当就肆意排放,河湖水系污染严重,近岸海域水质也受到陆源污染的冲击,自然水域受到极大破坏。目前世界上每天大约有 200×10^4 t 的废物(包括工业废弃物、化学物品、人类粪便和农业化学肥料、杀虫剂等等)倾泻入受纳水体中,尽管还缺乏完整可靠的数据,根据联合国评估,每年全球废水量大约为 $1500 km^3$。以1L废水污染8L淡水计算,目前全球污染水体将达到 $12000 km^3$,占全球可更新水资源的1/4强。日趋严重的水污染,降低了水体的使用功能,进一步加剧了水资源短缺的矛盾,严重影响了城市及城市群之间用水的可持续性。现阶段的社会水循环不仅极大地影响和破坏了原有的水自然循环规律,也反过来制约了水社会循环自身的持续性。

因此,造成这种状况的根本原因在于错误自然观指导下的粗放资源利用模式，其中尤其是粗放的水资源利用模式，造成了水资源短缺和广泛的污染，引起深刻的社会危机。

此外，至今为止，对水的健康循环认识不足，肆意取水和排放，对水循环和水环境恢复的理论缺乏系统研究，水的循环被人为割裂，只是致力于对其中的某个环节进行研究和处理，缺乏系统、整体的观念，因而在政策、投资、管理等方面出现偏差，这也正是目前我国投入大量资金控制水污染、治理水环境，而整体水环境质量仍在退化，投资成效并不令人满意的深层次原因。

对水环境退化原因的分析，可以让我们更加了解水环境质量退化的发生过程和影响因素，更加有针对性地提出应对策略和措施，以控制水环境的进一步退化或恢复良好的水环境。但是造成水环境污染的原因是多方面复杂因素的耦合作用，既有经济的、社会的原因，又有科技的、文化的因素。要想在错综复杂的因素中找出根本性原因，就必须依靠系统科学的思想以及生态系统理论和环境科学等相关知识的综合运用。总体说来，水环境退化的出现，其中固然有自然因素的作用，但是主要的驱动力还是人类活动造成的影响。

从人类历史发展及水环境变迁的历程中可以发现，水环境退化的产生，至少有以下几个主要因素：

1. 人口过度增长

世界人口的过度增长是全球水污染与水短缺的终极原因。水资源短缺、环境污染、污水量增长等情况都与世界人口的快速增长有关。目前越来越多的人口不但造成了人均资源数量的下降，也增加了污染物的排放、资源与能源的消耗。引发了严重的资源与环境危机。

其实在人类大部分历史时期的人口数量相当少，人类诞生以来直到公元1850年前后人口才达到10×10^8人，这个过程经历了数百万年（大约当前人类历史99%的历程）。而第二个10亿人口增长的时间仅用了80多年，约在1930年时地球人口达到20×10^8人。仅仅是在45年之后，1975年地球人口又增加到40×10^8人。而24年后的1999年，地球人口已经超过60×10^8人，如图1-17所示。到2000年，世界人口已经达到61×10^8人，其中发达国家12×10^8人，发展中国家49×10^8人。目前正以每年7700×10^4人的速度增长，绝大多数位于发展中国家和地区。联合国人口司预计到2050年世界人口将达到93×10^8人。其中发展中国家人口高达81×10^8人，占世界人口的87%。

人口问题虽然不是环境问题的唯一原因和必然原因。但是，人口过度增长却注定是人类生存发展的灾难性危机。控制人口增长，使人口总量不超出社会经济科技发展与地球生态系统的承载能力，必然是解决环境问题的重要措施。因为人口的增长意味着物质需求的增长，也标示着农业生产、工商业以及城市的发展，这些生产行业的发展以及居住区扩大带来更多的污染，对水环境造成了更大的压

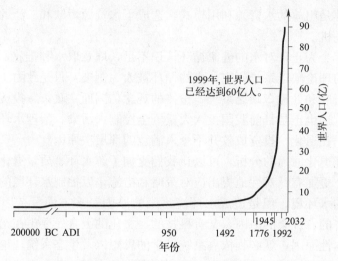

图 1-17　世界人口增长及发展趋势

力。这些增长无论是哪一方面都离不开对水的需求,生产粮食、修盖房屋、纺织制衣、交通工具,甚至是维持居住区良好的景观环境都需要消耗大量水资源。地球极为有限的宝贵淡水资源,已经越来越难以满足世界人口的飞速增长。

现在,人口增长的压力已经使许多国家不堪重负,迫使人们有意无意地改变生活方式。在水资源的分配上,也引起各种各样的冲突。例如农业用水与工业用水、城市用水与农村用水、生产生活用水与生态用水的竞争。

我国人口基数大,即使是人口出生率得到有效控制,人口增长总量仍将保持较高水平。建国后我国人口增长情况如图 1-18 所示。

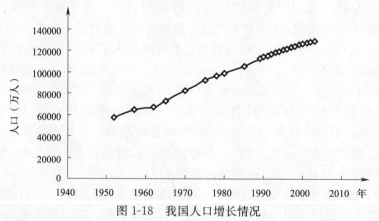

图 1-18　我国人口增长情况

人口膨胀对资源、环境的压力和影响,已经成为制约环境与经济协调发展的主要因素。1997 年我国人均水资源量尚有 2200m^3,预计到 2030 年将降至 1700m^3 左右,沦为水资源紧缺国家。

2. 错误的自然观

在人与自然的关系方面，历史上自然往往被视为征服的对象。培根倡导的"驾驭自然，做自然的主人"曾被绝大多数人视为整个人类的行动指南。这种将人与自然割裂，忽视人是地球生态系统的有机组成的错误看法，是水环境退化的思想根源。日本学者岸根卓郎曾写道"深刻的地球规模的环境破坏的真正原因，在于将物质与精神完全分离的物心二元论西方自然观"。

这种机械世界观同时也限制了环境保护意识的诞生和传播。环境意识缺乏是当前发展中国家普遍存在的缺陷，由于经济落后，大多发展中国家只考虑经济增长，忽视了环境保护。在经济利益的驱动下，短视行为和急功近利的经济活动不断出现，从而造成水环境退化日益严重。

在我国，无论是工业生产人员还是普通居民，甚至是部分专业人员和政府主管部门领导，对水环境保护的重要性和系统性认识不足，并不能把水环境保护意识贯彻到实际的工作和生活中，更没有系统地考虑和实施水环境的保护。长期以来，国民经济和社会发展注重 GDP 增长速度、主要产品产量、城镇居民收入增长等指标，没有把资源消耗和环境代价纳入经济核算体系。政府提出的不少经济政策没有考虑环境影响，造成了国家政策的错误导向，加剧了水环境的破坏。

3. 粗放增长、大量废弃的生产生活方式

在影响水污染与水环境退化的诸多因素当中，经济因素无疑是根本原因之一。人类自诞生之日起，无时无刻不在为了自身的生存与发展进行着物质生产活动。这种生产活动就必然会与周围环境发生物质与能量的流动关系。一旦我们对资源的开发超出资源本身的再生速度，或者排放的废弃物质超出地球生态系统的自然净化能力，就产生了资源短缺和环境破坏问题。

长期以来，我们的工业化、城市化遵循的是西方工业化的道路，也就是一种以"高投入、高消耗、高排放、高污染"为特征的增长模式。这种单纯追求经济效益的粗放型的经济增长方式，忽视环境效益和生态效益。同时，在经济增长为唯一追求目标的指引下，企业工艺革新和技术改造往往以扩大再生产为目的，很少考虑或根本没有考虑削减污染物和改善环境的需要。目前我国便于利用的淡水资源总量不足 $1\times10^{12}\,m^3$，而用水总量已经超过 $5500\times10^8\,m^3$。单纯依靠增加水资源与其他资源、能源的投入来实现这种粗放的经济增长已经是不现实的。

如今，绝大部分地区政府政绩考核指标仍然仅着眼于经济增长，这又进一步促使当地的环境保护工作难度加大，促使牺牲环境和资源去追求眼前利益之风日益普遍。一些地区的"五小"企业屡禁不止，出现了不同程度的反弹，有些地方甚至还违法新建了一些消耗高、污染重的"新五小"企业。这既是由环保意识的缺乏引起，也是我国以往政策错误导向和法制与管理监督力量薄弱的结果。可喜的是，现在环保工作也已经开始纳入地方政府政绩考核的指标中，必将有力促进

水环境的保护。

在生活方式和价值观念上，也受到西方发达国家经济发展模式与消费观念的深刻影响。物质享受、收入增加成为大众主要追求，大量使用、大量废弃与无端浪费的消费行为比比皆是。水资源的消耗量往往超出正常的水量需求。此外，盲目攀比、甚至以水资源的消耗量来衡量生活水平的提高等等，这些错误观念不仅仅存在于普通百姓，还存在于不少的政府官员与专业技术人员之中，这更加促进了水资源的短缺和水环境的退化。据统计，发达国家人口占世界人口总数的1/4，然而他们的资源和能源消耗占世界总量的3/4。如果全世界的消费水平都达到美国的消费水平，那么不难想象地球上资源的短缺情况将会是什么样的困境。

4. 水环境恶化的表观原因

新中国成立以来，我国随着工农业发展，城市化率大幅度提高，城市用水量从1949年的$6\times10^3\,m^3$增长到2002年的$319\times10^3\,m^3$，城市污水排放量逐年增加，而污水处理率提高缓慢。

与发达国家90%以上的污水处理率相比，我国城市污水处理薄弱，污水处理率极低，截至1998年底，全国建成并运行的城市污水处理厂仅266座，城市污水处理量仅$29274.5\times10^4\,t/a$，据《2003年城市建设统计公报》报道，污水处理率已达42%。但是我国过去在计划经济体制下，污水处理厂一直被当作公益事业来经营，污水处理收费标准低，不足以维持污水处理厂的运营，基本靠政府补贴。相当部分城镇污水处理虽然国家投资建成了，为了节省日常费用，处理设备不正常运行或者根本就不运行，政府补贴仅用于职工工资，所以实际污水处理率要远远低于此值。大量的污水未经处理直接排入江河，流域污染加剧。而在美国，自来水费中有55%是污水处理的费用；在丹麦，污水处理费为自来水费的1.6倍，都充分地利用了经济杠杆来调节居民用水行为，维持污水处理设施的运转。新中国成立以来我国农业用化肥量由1949年的全部循环利用农家肥和城市粪尿，到2000年全国化肥用量达4500万吨，而真正被利用的化肥量不足35%，大量的化肥都进入农田径流中。致使大量N、P营养物进入河湖水体，引起水体的富营养化。大量点源面源污染物的排放，使得进入环境的污染物超出环境容量是环境水污染产生的直接原因。

1.3 水 资 源

1.3.1 地球上水的储量

我们居住的地球是宇宙间少数赋有水的行星。地球表面的2/3被水所覆盖，地球上的水确实很丰富。据WMO（世界气象组织）的报告，地球上有$14\times10^8\,km^3$的水储量，但是海水占96.5%，淡水量仅占2.5%。淡水中又有2/3被冻结在两极冰川、冰山上。而剩下的 1/3 又很大部分为深层地下水。那么，除了河川、湖泊、浅层地下水等可能为利用的水量不超过地球总水量的 0.008%，约为 $11.2\times10^4 km^3$。这个比例好比一个家庭浴盆和一杯水的比例。地球上水的储量和种类分布见表 1-7。

地球上形态各异（气态、液态或固态）的水构成了水圈。这些自然水的量基本上是一个恒定的数值。地球上水的总体积大约为 14 亿 km^3，其中海洋水占 96.5%，地下水（含盐地下水和淡水）占 1.7%，冰川和永久积雪水占 1.74%，湖泊水沼泽水占 0.013%，江河水占 0.0002%，生物水占 0.0001%，大气水占 0.001%。地球上总的淡水量只占地球总水量的 2.5%，或者说只有 0.35 亿 km^3 的淡水。

而且大部分的淡水以永久性冰或雪的形式封存于南极洲和格陵兰岛，或成为埋藏很深的地下水。能被人类所利用的水量主要是湖泊、河流和埋藏相对较浅的地下水。这些可用水量大约仅为 $11.16\times10^4 km^3$——不足淡水总量的 0.3%，仅为地球上水资源总量的 0.008% 左右。然而，真正可持续利用的天然水资源量是年可更新的全球径流量扣除生态用水后的那部分，因此人类水资源极为有限。

全球储水量及种类分布　　　　　　　　　　　　表 1-7

水类别		数量 ($10^3 km^3$)	占全球水总量的比例（%）	占全球总淡水的比例（%）	其中可能利用的海水资源量 ($10^3 km^3$)	可能利用的淡水资源量占全球总水量的比例
咸水	海洋	1338000	96.54			
	地下咸水	12870	0.93			
	咸水湖	85	0.006			
	咸水合计	1350955	97.5			
淡水	河川	2.12	0.0002	0.006	2.12	0.0002
	湖泊	91	0.0065	0.26	91.0	0.0065
	沼泽	11.5	0.0008	0.03	11.5	0.0008
	地下水	10530	0.76	30.06	7.00	0.0005
	极地水	24064	1.74	68.7		
	土壤水	16.5	0.001	0.05		
	永久区地下水	300	0.022	0.86		
	生物水	1.12	0.0001	0.003		
	大气水	12.9	0.001	0.04		
	淡水合计	35033	2.5	100		
总水量		1385988	100		111.62	0.008

注：资料来源于 UN Water Development and Management。

1.3.2 循环水资源

水资源是循环性资源,从水的水文循环视点来看,水资源的数量与可利用的淡水量有很大的差别。据 UNESCO（联合国教科文组织）的统计,每年地球降水量为 $57.7\times10^4\,km^3/a$,陆上降水量为 $11.9\times10^4\,km^3/a$,扣除蒸发量仅剩下 $4.7\times10^4\,km^3/a$,其中 $0.2\times10^4\,km^3/a$ 涵养地下水成为地下径流,$4.3\times10^4\,km^3/a$ 形成地表径流,可年年更新的地下、地表径流量 $4.5\times10^4\,km^3/a$ 才是全球可持续利用的水资源,供全球 60 亿人和地球生态系来分享。

地球上各地径流量差别很大,大洋洲中某些岛屿径流量非常丰富,大大超过全球径流的平均值。例如新西兰、新几内亚、塔斯马尼亚等年径流深大于 1500mm;南美洲年径流深达 661mm,相当于全世界平均值的 2 倍。而澳大利亚全国有 2/3 的陆地面积为无水、无永久性河流的荒漠、半荒漠地区,年平均径流深只有 45mm。南极洲降雨量小,径流深为 165mm,它没有永久性河流,而以冰川形式储存了全球半数以上的淡水量。世界各大洲的径流深分布情况如图 1-19 所示。

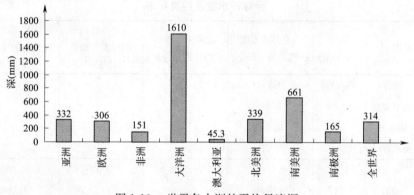

图 1-19 世界各大洲的平均径流深

全球主要大陆地区平均每年水平衡的估算如图 1-20 所示。其中包括降水、蒸发和径流量数据。所有径流中,半数以上发生在亚洲和南美洲,很大一部分发生在同一地方——亚马逊河,它每年的径流量高达 $6000km^3$。单位面积径流和人均径流量如图 1-21 和图 1-22 所示。

全球径流量的多少曾经引起了各国科学家的广泛关注,在过去 200 多年间许多科学家致力于世界径流量的估计。不同来源数据稍有差距,根据《全球环境展望 3》、《国际人口行动计划》和《简明不列颠百科全书》等资料显示的数据,全球径流量分别为 $4.7\times10^4\,km^3$、$4.1\times10^4\,km^3$ 和 $(3.7\sim4.1)\times10^4\,km^3$。

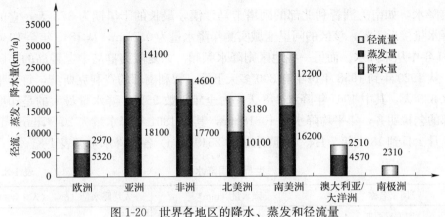

图 1-20 世界各地区的降水、蒸发和径流量

注：径流包括流入地下水、内陆盆地的水流和北极的冰流。

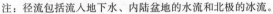

图 1-21 各洲单位面积径流量

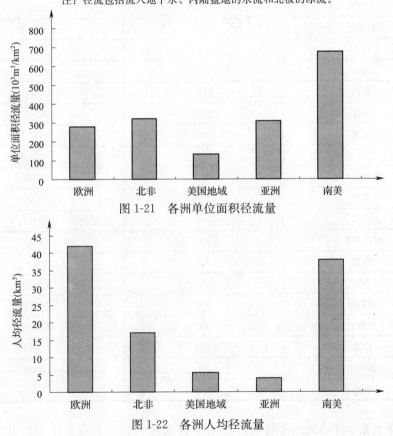

图 1-22 各洲人均径流量

1.3.3 各地区的水资源量分布格局

在不同国家之间，降水量和降水径流的分布同样悬殊。有些地方一年中基本

没有降水，如南美洲智利北部的阿塔卡马沙漠，最长的干旱期为 375 天，它的常年降水量接近于零，该区的阿里卡城实测年降水量为 0.7mm，从 1845 年至 1936 年的 91 年中从未降水。而另一些地区则降水频频。如夏威夷群岛中考爱岛的韦阿利尔，从 1920 年到 1958 年每年有 300 多天下雨。智利南部的费利克斯湾，每年平均降水 325 天，其中 1961 年降水 348 天，占全年天数 95%；降水量最大的是印度东北部的乞拉朋齐，年平均降水量 10818mm，其中 1861 年降水量为 20447mm，1860 年 8 月 1 日到 1861 年 7 月 30 日降水量为 26491mm。各国降水量见表 1-8。

世界各国降水量　　　　　　　　表 1-8

国家名称	降水量（mm）	人均降水量（m³/（人·年））
印度尼西亚	2620	23526
菲律宾	2360	9320
新西兰	2010	14080
日本	1718	5114
瑞士	1470	8217
泰国	1420	11867
印度	1170	3795
英国	1064	4415
意大利	1000	5258
世界平均	973	21796
美国	760	25565
法国	750	7001
罗马尼亚	700	7474
瑞典	700	35351
中国	660	4958
西班牙	600	7661
加拿大	522	167100
伊朗	250	6031
沙特阿拉伯	100	9949
埃及	65	951

年降水量少于 500mm 的地区称为干燥地区，如中远东、中亚、非洲北部、北美洲西部等地区多有分布。其年降水量与年可能蒸发量的比例小于 3% 的地区为"超干燥地区"，3%～20% 为"干燥地区"，21%～30% 为半干燥地区。在这些地区土壤一般都沙漠化。

年降水量 500～1000mm 为半湿润地区，一般是畜牧地或少水作物耕作区，干燥地区分类见表 1-9。超过 1000mm 为湿润地区。

干燥地区分类　　　　　　　　　　表 1-9

地区	降水量（mm）	降水量与可能蒸发量之比（%）	地区面积（$10^4 km^2$）
超干燥	0～100	<0.03	978
干燥	100～250	0.03～0.1	1571
半干燥	250～500	0.5～21	2305
半湿润	500～1000	0.75～51	1296

世界上水资源丰富的国家有加拿大、巴西、印度尼西亚、原苏联、美国等。其中，加拿大每人占有 $130080m^3$，是世界平均数的 12 倍。巴西每人占有 $42200m^3$，是世界平均数的 3.9 倍；印度尼西亚每人 $19000m^3$，是世界平均数的 1.8 倍；原苏联每人为 $17860m^3$，是世界平均数的 1.7 倍；美国每人 $13500m^3$，是世界平均数的 1.3 倍。据李汝燊的数据，我国每人占有量只有世界平均值的四分之一，见表 1-10。

部分国家年径流总量、人均和耕地占有水量　　　　表 1-10

国家	年径流总量（$10^8 m^3$）	年径流深（mm）	人口（10^8 人/1979a）	人均水量（m^3）	耕地面积（10^8 亩）	亩均水量（m^3）
巴西	51912	600	1.23	42200	4.85	10701
原苏联	47120	211	2.64	17860	34.00	1385
加拿大	31220	313	0.24	130080	6.54	4774
美国	29702	317	2.20	13500	28.40	1045
印度尼西亚	28113	1476	1.48	19000	2.13	13199
中国	27114	285	9.88	2744	15.06	1752
印度	17800	514	6.78	2625	24.70	721
日本	5470	1470	1.16	4716	0.6	9117
全世界	468180	314	43.35	10800	198.0	2353

每亩耕地平均得水量最高的是印度尼西亚，为 $13199m^3$，是世界每亩耕地得水平均数的 5.6 倍；其次是巴西为 $10701m^3$，是世界平均数的 4.5 倍；第三是日本，为 $9117m^3$，是世界平均数的 3.9 倍；第四是加拿大，为 $4774m^3$，是世界平均数的 2 倍；中国每亩耕地得水量为 $1752m^3$，只有世界平均数的 74%。

从世界范围来看，人均可用水资源量随着人口的增加仍在不断下降，根据联合国资料，目前世界上大部分地区，尤其是发展中国家地区面临着严重的水短缺局面。在 21 世纪，如果人口增长的趋势还没有得到有效遏制，人类社会面临的水危机将更加严峻。

1.3.4 中国水资源

1. 水资源总量

在中国，可通过水循环更新的地表水和地下水的多年平均水资源总量约为 $2.8\times10^{12}\,m^3$。在世界主要国家中，仅次于巴西、前苏联、加拿大、美国和印尼，居世界第六位。

但是按 1997 年人口统计，我国人均水资源量为 $2220\,m^3$，约为世界人均水量的 1/4，列世界第 121 位，是一个贫水国家。预测到 2030 年我国人口增至 16×10^8 人时，人均水资源量将降到 $1760\,m^3$。基本进入用水紧张国家的行列（按国际上一般承认的标准，人均水资源量少于 $1700\,m^3$ 为用水紧张国家）。

除了人均水资源量偏低外，我国水资源的时空分布也很不均衡。由于季风气候影响，各地降水主要发生在夏季。由于降水季节过分集中，大部分地区每年汛期连续 4 个月的降水量占全年的 60%~80%，不但容易形成春旱夏涝，而且水资源量中大约有 2/3 左右是洪水径流量，形成江河的汛期洪水和非汛期的枯水。而降水量的年际剧烈变化更造成江河的特大洪水和严重枯水，甚至发生连续大水年和连续枯水年。

我国的年降水量中东南沿海地区最高，逐渐向西北内陆地区递减。水资源的空间分布和我国土地资源的分布不相匹配。黄河、淮河、海河三流域的土地面积占全国的 13.4%，耕地占 39%，人口占 35%，GDP 占 32%，而水资源量仅占 7.7%，人均水资源量约 $500\,m^3$，耕地亩均水资源少于 $400\,m^3$，是我国水资源最为紧张的地区。

2. 地表水资源

我国主要流域年径流及人均、亩均水量见表 1-11。

我国主要流域年径流及人均、亩均水量　　　　表 1-11

编号	流域	河川年径流 ($10^8\,m^3$)	人口 (10^4)	耕地 (10^4 亩)	人均水量 (m^3/人)	亩均水量 (m^3/亩)
1	松花江	762	5112	15662	1490	487
2	辽河	148	3400	6643	435	223
3	海滦河	288	10987	16953	262	170
4	黄河	661	9233	18244	716	362
5	淮河	622	14169	18453	439	337
6	长江	9513	37972	35171	2505	2705
7	珠江	3338	8202	7032	4070	4747

3. 地下水资源

地下水是水资源的重要组成部分，不仅是城市和农村的饮用水源，而且还在支持农业灌溉和工业生产，维持河道基流和生态平衡等方面发挥重要作用。

2003年国土资源部公布了新一轮全国地下水资源评价结果，全国地下淡水天然资源多年平均为 $8837\times10^8\,\mathrm{m}^3$，约占全国水资源总量的1/3，其中山区为 $6561\times10^8\,\mathrm{m}^3$，平原为 $2276\times10^8\,\mathrm{m}^3$；地下淡水可开采资源多年平均为 $3527\times10^8\,\mathrm{m}^3$，其中山区为 $1966\times10^8\,\mathrm{m}^3$，平原为 $1561\times10^8\,\mathrm{m}^3$。另外，全国地下微咸水天然资源（矿化度1～3g/L）多年平均为 $277\times10^8\,\mathrm{m}^3$，半咸水天然资源（矿化度3～5g/L）多年平均为 $121\times10^8\,\mathrm{m}^3$，见表1-12。

各省（区、市）地下水资源量表　　　　　表1-12

单位：$10^8\,\mathrm{m}^3/\mathrm{a}$

省（区、市）	天然补给资源量				可开采资源量
	淡水	微咸水	半咸水	小计	淡水
北京	33.76			33.76	26.33
天津	5.44	5.45	4.86	15.75	2.84
河北	131.60	31.98	6.68	170.26	99.54
山西	87.32	4.08		91.40	53.78
内蒙古	263.52	24.95	4.04	292.51	140.17
辽宁	164.91			164.91	91.76
吉林	123.00	7.53		130.53	86.09
黑龙江	310.89	3.96		314.85	211.45
上海	8.38	4.30	0.26	12.94	1.14
江苏	117.84	15.11	51.92	184.87	80.68
浙江	113.92			113.92	46.78
安徽	216.25			216.25	135.21
福建	306.88	0.39	0.52	307.79	33.51
江西	230.48			230.48	73.37
山东	139.95	66.24	10.19	216.38	114.31
河南	158.27	4.87	1.44	164.58	155.89
湖北	410.57			410.57	165.21
湖南	461.67			461.67	146.00
广东	694.78	5.72		700.50	284.94
广西	754.64			754.64	273.38
海南	158.19			158.19	60.45

续表

省（区、市）	天然补给资源量				可开采资源量
	淡水	微咸水	半咸水	小计	淡水
重庆	143.86			143.86	40.79
四川	545.98			545.98	174.94
贵州	437.71			437.71	132.59
云南	747.31	0.99	4.14	752.44	190.35
西藏	795.83	62.56	25.76	884.15	202.04
陕西	158.16	10.99	1.51	170.66	55.86
甘肃	108.47	16.75	7.57	132.79	42.34
青海	265.82			265.82	98.29
宁夏	17.15	10.75	2.63	30.53	13.44
新疆	629.55			629.55	234.87
台湾	90.57			90.57	56.86
香港	3.75	0.10		3.85	2.55
澳门	0.06			0.06	0.03
全国	8836.48	276.72	121.51	9234.72	3527.78

从各区的地下水资源分布来看，以珠江流域和雷琼地区最为丰富，其地下水天然资源补给模数（每年每平方千米补给量）分别达 $32.2\times10^4 m^3$ 和 $41.5\times10^4 m^3$；长江流域平均补给模数为 $14.8\times10^4 m^3$，其中洞庭湖流域达 $23.1\times10^4 m^3$；华北平原补给模数在 $5\times10^4 m^3$ 左右；西北地区最小不足 $5\times10^4 m^3$，见表 1-13。

我国不同地区地下淡水资源数量表　　　　表 1-13

资源区		天然补给资源量		可开采资源量	
		资源量 ($10^8 m^3/a$)	模数 ($10^4 m^3/(km^2 \cdot a)$)	资源量 ($10^8 m^3/a$)	模数 ($10^4 m^3/(km^2 \cdot a)$)
黑松流域		520.51	5.86	328.34	3.66
辽河流域		246.47	8.63	154.74	10.91
黄淮海地区		635.33	11.46	512.1	10.18
黄河流域	黄河下游	40.45	16.22	40.53	16.21
	黄土高原	130.54	5.42	93.75	6.40
	鄂尔多斯高原及银川平原	72.85	5.61	39.58	3.14
	黄河上游	141.44	6.25	43.78	2.09
	小计	385.28	6.11	217.64	4.30

续表

资源区		天然补给资源量		可开采资源量	
		资源量 $(10^8 m^3/a)$	模数 $(10^4 m^3/(km^2 \cdot a))$	资源量 $(10^8 m^3/a)$	模数 $(10^4 m^3/(km^2 \cdot a))$
内陆地区	内蒙古北部高原	40.08	1.64	17.21	1.67
	河西走廊及北山地区	63.23	2.04	32.06	1.17
	柴达木盆地	60.99	2.96	30.98	1.71
	准噶尔盆地	296.17	7.24	90.45	4.87
	塔里木盆地	333.39	3.17	144.42	3.02
	藏北高原	105.20	2.70		
	小计	899.06	3.45	315.12	2.58
长江流域	长江下游	180.82	16.31	98.14	8.86
	长江中游	494.86	17.31	185.82	6.78
	四川盆地	389.19	19.64	153.69	7.76
	金沙江流域	592.44	8.61	142.1	3.01
	鄱阳湖水系	213.00	13.38	68.54	4.41
	洞庭湖水系	590.14	23.12	177.17	6.94
	乌江流域	185.96	20.96	62.86	7.08
	小计	2646.41	14.82	888.32	5.72
珠江流域	珠江、韩江流域	561.81	38.20	200.86	22.28
	西江流域	985.16	29.60	316.18	10.11
	小计	1546.97	32.24	517.04	12.83
	闽浙丘陵地区	385.78	18.97	67.97	5.72
	台湾地区	90.56	25.16	56.86	15.79
	雷琼地区	372.33	41.53	194.06	21.65
	怒江、澜沧江流域	621.22	15.23	158.65	4.41
	雅江流域	527.01	13.67	157.47	4.08
	全国合计	8836.48	10.61	3527.78	5.70

注：黄淮海地区已包括黄河下游区。

新中国成立后，我国地下水资源开发利用迅速增加。20世纪50年代只有零星开采，70年代增加到每年 $570 \times 10^8 m^3$，80年代增加到每年 $750 \times 10^8 m^3$，目前约有400个城市开采利用地下水，年开采量超过 $1000 \times 10^8 m^3$。与南方地区相比，我国北方地区地下水供需矛盾突出。调查显示，北方地下淡水天然资源量约占全国地下淡水总量的30%，而开采量已占全国开采总量的76%。特别是华北平原地区，浅层地下水超量开采 6%，深层地下水超量开采 39%。

由于人们对地下水资源的不合理开采，目前许多地区已出现地下水降落漏斗、地面沉降与地裂缝、地面塌陷、海水入侵等环境问题。

据统计，2004 年全国地下水降落漏斗 180 多个，总面积约为 $1.9 \times 10^5 km^2$，44% 的漏斗面积仍在扩大。单体漏斗大于 $500km^2$ 的 29 个，总面积 $61431km^2$。其中，单体面积最大的降落漏斗——河北衡水深层地下水降落漏斗面积达 $8815km^2$。按降落漏斗深度统计，漏斗中心水位深度大于 50m 的 36 个。其中，河北唐山赵各庄漏斗中心的最大水位深度 333.2m，是水位降落最深的漏斗。

此外，长期气候干旱与大规模地下水开发，在黄淮海平原、长江三角洲、汾渭盆地、河西走廊等地区，造成逾 $60 \times 10^4 km^2$ 的地下水位整体下降，形成跨省区的特大型地下水降落漏斗群，诱发了严重的地面沉降、地裂缝、岩溶塌陷、海水入侵等地质灾害与环境地质问题。

4. 可采水资源和已开发利用量

我国社会用水循环污染了地表、地下径流，使可采水资源量大幅下降。大都市和工业城镇的下游段都存在严重的水质型水资源短缺问题，使我国水资源紧缺的形势雪上加霜。

全国七大水系中能够作为合格集中水源的河段只有 30% 左右，地下水资源约占水资源总量的 1/3，但由于超采和污染，已没有再开发和利用的潜力。

新中国成立以来至 20 世纪 90 年代，我国用水总量迅速增长，从 1949 年的约 $1000 \times 10^8 m^3$ 增长到 1997 年的 $5566 \times 10^8 m^3$。之后，一直趋于稳定。到 2002 年，全国总供水量 $5497 \times 10^8 m^3$。其中地表水源供水量占 80.1%，地下水源供水量占 19.5%，其他水源供水量（指污水处理再利用量和集雨工程供水量）仅占 0.4%。2002 年用水量中，农业用水 $3736 \times 10^8 m^3$，占总用水量的 68.0%，工业用水 $1142 \times 10^8 m^3$，占 20.8%，生活用水 $619 \times 10^8 m^3$，占 11.2%。与 2001 年比较，全国总用水量减少 $70 \times 10^8 m^3$，其中生活用水增加 $19 \times 10^8 m^3$，工业用水增加 $1 \times 10^8 m^3$，农业用水减少 $90 \times 10^8 m^3$。我国用水量变化情况如图 1-23 所示。

目前，我国 660 多个城市有 400 个缺水，其中大部分属于因污染导致的水质型缺水。2000 年，全国城镇化水平已经从 1949 年的 10.6% 提高到 36%，预计我国 2020 年的城镇化水平将达到 50% 左右，城镇总人口约为 7.5×10^8。全国用水量达 $7000 \times 10^8 m^3$，已逼近我国方便开采的水资源总量 $(8000 \sim 9000) \times 10^8 m^3$，水危机已摆在我们面前。

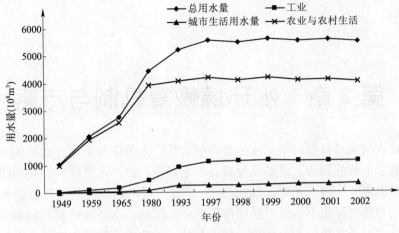

图 1-23　我国用水量变化状况

第2章 水环境恢复机制与方略

面对水域水质日益污染，水生态环境恶化，人类应该采用什么样的方针和战略来遏制水危机的趋势，进而恢复良好的水环境，维系水资源的持续利用？中国古代哲学家老子在两千年之前就指出"天人合一"，就是说人类只能服从自然规律、利用自然规律而不违反自然规律而行之。因此，水环境恢复的根本方针是切断人类社会给予水域的严重污染，减少对地下、地表天然径流的过度干扰。用自然的力量来恢复水环境。

2.1 水环境恢复机制

1. 水是可再生的循环型资源

水是可再生的循环型自然资源，恶化了的水环境是可以恢复的。这是基于水的自然大循环。水在全球陆、海、空大循环中会得到净化，能循环不已往复不断地满足地球万物——森林、草原、盆地、湖泊、土壤、生命用水之需要，维护着全球的生态环境。

具体来说，在水循环中，水从一个地方不断转移到另外一个地方的过程中，必不可少的是水的形态变化。由于水汽化（蒸发或升华），水从陆地或海洋向大气层转移，并且由于冷凝，水从大气层以雨或雪的形式又回到陆地和海洋。这种蒸发和冷凝的过程就是水得到淡化与净化的过程。冷凝之后的水比蒸馏之前要更加纯净，水中的悬浮物和溶解的物质（如盐、无机物）等不再存在于水中，这也是海水蒸发后成为淡水降落到陆地的原因。此外，在陆地的流动过程中，水中含有大量的微生物，它们也能够降解一定种类和数量的杂质，维持水质的洁净。

水环境可以恢复，还基于水的可再生性。水是良好的溶剂，也是物理、化学、生物化学反应良好的介质，被污染了的水可以在运动中得以自净，还可以通过物理的、物理化学的和生物化学的方法去除污染物质，从而使水得以人工净化和再生。所以，社会循环污染了的水是可以净化的，污水通过处理和深度净化可以达到河流、湖泊各种水体保持自净能力的程度，从而上游都市的排水会成为下游城市的合格水源。在一个流域内人们可以多次重复地利用流域水资源。其实自古以来，人类社会就是重复多次地利用一条河上的流水。

2. 维持水循环的能源

水文循环在地球上存在亿万年，目前全球水循环的水量基本维持恒定。维持水文循环的能量来自洁净的太阳光。

太阳每分钟大约辐射 4×10^{27} 卡的能量，其中仅 5×10^{8} 卡被地球截取。辐射到地球的太阳能量约有 29% 被地球表面和大气层系统反射，并损失到太空，约 19% 直接被大气层吸收，另外的 52% 能透过大气层被地球表面所吸收。主要是因为覆盖地球 3/4 的海水反射率低，因而地球表面成为最主要的太阳热能接受者。地球表面能够维持基本恒定的温度，在于地球通过地球表层与大气层的能量流动实现能量的收支平衡。地球能量流动的方向，是由地球表层向大气层传热，这种传热主要是通过显热传递和潜热传递。显热传递，热量是通过空气和地面的直接接触传导，从地球表面传递到大气层。潜热传递是利用水的物理状态的能量差异来实现的。大气层借助于太阳能，从海洋、河流、湖泊的蒸发中得到水，相反的，当水从蒸汽相变成液相（冷凝）时，释放能量，加热大气。蒸发所需的能量由地球表面供给，地球是过剩热能的贮库，而后通过冷凝释放到大气，大气是热能亏空的贮库。经过能量的流通和分配，地球基本维持了能量的平衡。在这个过程中，也就完成了地球上水汽的运输转移。

太阳在大量释放能量的过程中，每秒钟内由于核聚变而损耗的质量达到 4×10^{7} t。由于目前太阳的热核反应状态已维持 50 亿年左右的历史，假定能量辐射率基本不变，累计损耗的质量可达 6.305×10^{22} t，也只不过是太阳全部质量的 0.03%。根据银河系内部不同演化阶段的恒星演化史推算，太阳现在仍处于壮年期，它的寿命估计可达到 100 亿年。所以从人类历史的时间尺度来看，太阳的热核反应和能量辐射是取之不尽用之不竭的能量源泉。

水自然循环所需的能量总能得到满足，水文循环就会持续不断，使水得到净化更新。同样，用于水人工净化的能量也归根到底来自于太阳能。从污水净化机理来看，除了自然界本身净化作用外，即使是人工强化的污水处理工艺也是仿照自然净化原理，主要依靠的仍是生物作用，而生物资源本身也是可再生的资源，所以只要能维持自然界生态平衡，水的再生与更新就能够一直持续不断地进行下去。

2.2 水环境恢复的社会基础

水环境是一个流域性，甚至是全球性的问题。水环境恢复工程的实施和良好水环境的建立、维系和保护需要多学科、多社会领域共同努力。

如第 1 章所述，产生水环境恶化的原因不仅仅是人口和经济增长的原因，它还涉及人与自然关系的认识、世界观与价值观、文化等方面的因素。其中在不正确的人与自然关系观念指导下的传统生产生活方式，也就是不健康的水资源利用方式,是产生水污染与水环境问题的根本原因。

因此,要恢复水环境首先必须具备一定的社会基础,这种社会基础可以简略地用图 2-1 表示。

$$水健康循环\begin{cases} 人与自然和谐发展观 \\ 良好水文化 \\ 统筹的资源利用 \\ 流域性水资源规划 \\ 生产、生活、生态用水的合理分配 \\ 完备的水循环系统 \end{cases}$$

图 2-1　水环境恢复的社会基础

由图 2-1 可见,要恢复水环境,人类社会至少应该在以下几个方面作出革命性的转变:(1) 改变"二元论"对人与自然关系的不正确观念,提高社会对水与人类关系的了解;(2) 培育珍惜水的意识,养成节制用水习惯,从而取得群众保护水环境和恢复水环境的理解和协力,育成良好的水文化;(3) 在国土管理上,在城市总体规划上要注入水循环的概念,将土地利用与水资源和水环境保护统筹考虑;(4) 在每个流域内,都要将河流、流域及社会经济发展视为一体,统筹考虑水的循环利用规划;(5) 实现生活、生产、生态用水的合理分配,在每个流域内都要确保环境用水量,规范社会取水量,保护水流空间,维持丰富多样的生态系,良好的水流空间和秀丽的两岸风光;(6) 每个城镇都要有完备的水循环系统,既要有安全、可靠的供水系统,又要有污水收集、处理、深度净化,有效利用与排除系统。

从城市水系统工程科学的角度上说,要恢复水环境,就要求在水社会循环中统筹管理,减少取水量,进行水资源的再生循环利用,降低污染负荷,确保生态环境用水,恢复河湖清流。这就要求从水质和水量两方面进行考虑,水环境恢复工程思路如图 2-2 所示。

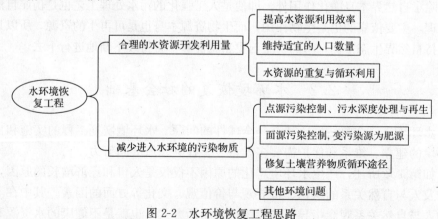

图 2-2　水环境恢复工程思路

水环境恢复工程首先要求控制社会水循环的通量，这个目标的实现又依赖于自然观与价值观的根本转变，依靠人口数量的控制、水资源效率的提高、水资源的重复和循环利用以及用水习惯的改变等因素。

2.3 水环境恢复方略

水环境恢复是将人类社会损害了的河流、湖泊等水体的水质、水量和周边的多生态系恢复到自然的良好状态，保持人类用水循环与水自然循环的和谐。水环境恢复工程是一个涉及经济、环境、发展等多方面的复杂问题，其建立途径也是多方面统筹兼顾的结果。

从宏观上看，水环境能否恢复首先在于人类用水的同时是否能不损害流域水系、保持良好的水生态环境，实现流域的上下游之间用水的和谐。

水环境恢复工程的方略有以下三个主要方面，如图 2-3 所示。

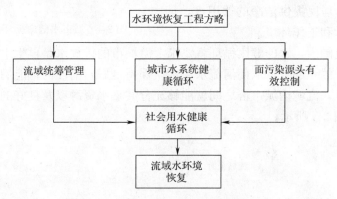

图 2-3 水环境恢复工程方略

1. 社会用水的健康循环

社会用水主要分为：(1) 城市用水，包括生活用水和工业用水，它的用水循环形成了水系的点源污染；(2) 农业用水，用水量大，并与农田径流有密切联系。它对水系的影响是分散的面源污染。用水过程的污染是广阔耕地施用化肥农药引起的。只能从源头控制化肥、农药用量来保护农田径流的水质。

现今世界各国都不同程度提出了城市用水健康循环的概念。这是针对人们滥排污水和丢弃废物，滥施农药与化肥而提出的，是拯救人类生存和永续发展空间的根本性战略。

所谓水的健康循环（healthy water cycle），是指在水的社会循环中，尊重水的自然运动规律，合理科学地使用水资源，不过量开采水资源，同时将使用过的废水经过再生净化，使得上游地区的用水循环不影响下游水域的水体功能，水的社会循环不损害水自然循环的客观规律，从而维系或恢复城市乃至流域的良好水环境，实现水资源的可持续利用。

这样，水的社会小循环就可以与自然大循环相辅相成、协调发展，实现人与自然和谐发展，维系良好的水环境，最终达到"天人合一"的境界，使自然界有限的水资源可以不断地满足工业、农业、生活的用水要求，永续地为人类社会服务，从而为社会的可持续发展提供基础条件。可见，在水的社会循环中，污水处理厂是维持水社会循环得以健康发展的关键，起到净化城市污水，制造再生水的作用。

在一个城市中，水系统健康循环要求城市要有完备的给水排水系统，如图2-4所示。尽量实施节制用水，减少取水量，污水要进行再生、再利用和再循环，维持氮磷营养物的循环，维持城市河湖水体良好的水质，为居民提供洁净的饮用水，创造良好的生活和工作环境。

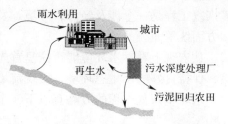

图 2-4 城市水健康循环示意图

在流域范围内，水的健康循环就要求上游城市的排放水是再生水，能够成为下游城市水源的一部分，从而河流水系水质保持良好，沿江河都能满足城市的用水要求。这样，流域内城市群之间就能够充分共享水资源以及良好的水环境。其简略示意如图 2-5 所示。

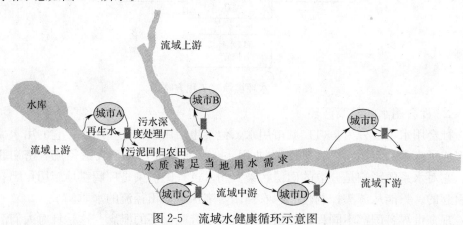

图 2-5 流域水健康循环示意图

可见，根据水健康循环的理念，水资源的利用将由过去的"取水—输水—用户—排放"的单向开放型流动，转变为"取水—输水—用户—再生水循环"的反馈式循环流程。通过水资源的不断循环利用，使水的社会循环和谐地纳入水的自然循环过程中，实现社会用水的健康循环。这是根据人类社会用水历史的发展和物质循环的实际规律探索水资源可持续利用和水环境保护的切实途径。这种认识恰恰正是可持续发展和循环经济"3R（Reduce、Reuse、Recycle）"原则（减量、再用、再循环）在水资源与水环境领域的生动演绎。

2. 面源污染控制

面源污染指的是污染物进入环境的方式是扩散的、非点状的，主要包括三个主要部分：含化肥、农药的农田径流；畜禽养殖业排放的废水、废物和广大国土上的水土流失等。往往具有量大面广的特点。据研究报道，裸露的土地氮磷流失率是有植被覆盖土地流失率的10~100倍，而庄稼地氮磷流失率是果林草地的近10倍。据此推算，土地在翻耕时的氮磷流失率可能是草地的数十倍以上，甚至达到数百倍。加之，我国农田化肥施用量平均达到350kg/hm^2以上，远远超过发达国家施用安全标准的上限（250kg/hm^2），施用的化肥量中有65%以上不能为植物所吸收，随农田径流混入地表和地下水体。因此，农业正在成为影响我国生态环境的主要污染源，尤其是湖泊的富营养化。在我国富营养化严重的滇池、太湖和巢湖等地区，湖泊周围大量的水田，是富营养化元素氮磷的主要来源。据统计，我国农业污染对水体的影响已经超过工业和城市系统，成为我国也是地球上最大的污染源。

很多资料显示，现代化的农牧业对水环境产生了深远的影响，其影响甚至超过现代工业对自然水环境的影响。例如，北京市近郊畜禽养殖场排放的有机污染物为全市工业和生活废水所含有机污染物总量的3倍。农业和养殖业活动量大面广，并且直接影响整个自然生态系统。例如，我国长江和黄河发源地农牧业过度活动，影响到了整个长江和黄河流域的水环境。我国水土流失面积占国土面积的38%，每年流失土壤$50×10^8$t，严重影响土壤肥力。黄土高原每年水土流失带走的氮、磷、钾就达$4000×10^4$t，相当于全国一年的化肥产量。

发达国家在水污染领域的发展表明，即使是点源污染得到有效控制，如果面源污染没有遏制也不能恢复良好的水环境。尤其是在农业活动密集的地区，农田径流的影响将更加突出。因此，控制面源污染，也是促进水健康循环以及水环境恢复必不可少的支柱。

但是面源污染是比城市点源污染更难以处理和控制的污染源。对于农业面源污染，只能采取节水技术，发展和普及有机肥料，提高土壤水土肥保持能力，实施科学的平衡施肥制度，进行灌溉水的回收利用等源头控制措施；对于畜禽养殖业的面源污染，必须将畜禽粪尿等废弃物视为农业肥源，制作有机肥料，回用于农田，变污染源为肥源。

3. 流域水环境与水资源统筹管理

水资源的分割管理、部门交叉重叠、以行政分区体制管理水资源也是导致用水效率低下，浪费严重，污染不能控制的重要原因。此外，过去在经济发展中，对于生态用水问题重视不够，普遍存在挪用、挤占生态用水现象。为了防止生态环境的进一步恶化，必须在各流域的水资源规划中确保生态环境用水。

在目前我国水资源紧缺和水污染问题越来越突出的情况下，应该将原来那种水量与水质分开、地表水与地下水分开、供水与排水、城市与流域分开管理的体制，改为对城市和农村、供水、节水、污水处理及再生回用、水资源保护等实行流域统筹管理的新体制。实现流域水资源水量与水质统筹、传统水资源与污水回用及海水利用统筹、流域上下游统筹的管理。以利于促进水资源的开发、利用和保护，有利于统筹解决洪涝灾害、水环境恶化等问题，有力地保障了社会经济的可持续发展和水资源的可持续利用。

目前，我国七大水系都有流域委员会，但他还没有权力和能力统筹管理流域水系和社会用水健康循环，只是水权分配和水利工程建设。流域委员会应是流域水资源管理的权威机关，直属国务院的水事权力机构，有领导各地方政府和各部委在本流域水事活动的权力。同时应当有立法权力，其颁布的法令能进入地方法规，地方法规要支持委员会的行动。

它的职责是：

（1）制定流域水系健康循环规划。

（2）制定流域内各河段水体功能和排放水标准。

（3）协调环保局、水利厅、建设厅的水事职能。

（4）节制流域内各省、市、县的取水量，确定污水再生排放水质。

（5）建立流域水信息中心，建立环保、水利、建设各部门间信息共享，统一部署水文、水质检测网络。

（6）建立完善的水源、供水和污水收费体制。

第3章 城市水系统健康循环

城市是人口和经济高度集中的地区，其取水量之大，集中排放污染负荷之高足以使一条河流丧失水体功能，破坏水的自然水文循环规律。所以，城市的用水循环是关系到水资源可持续利用和水环境恢复可否实现的首要大事，是社会用水循环的重中之重。

3.1 全球水循环系统分析

从地球水循环系统角度看，水的社会循环与水的蒸发、渗透、径流等水文循环过程一起构成了大地上复合的水循环活动。显然水的社会循环依附于水的自然循环，它本身包含了人类主观能动性和创造性，相对独立地构成了一个整体。因此，要分析人类用水对自然水循环的影响并发现症结所在，可以从两个层面进行分析。第一层次是由水的社会循环和自然循环共同构成的地球水循环系统。另一层次，是地球水循环的子系统——水的社会循环系统，这是建立健康水循环的重点研究范畴。

3.1.1 地球水循环系统

地球水循环系统是地球上水分运动的全系统。整个水循环的过程可以简化成如图3-1所示。

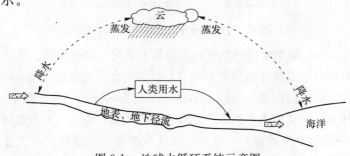

图3-1 地球水循环系统示意图

由图3-1可见，与没有人类活动的天然循环相比，水的社会循环在原有的地表和地下径流基础上增加了一项流动过程，即将原来陆地径流向海洋流动的过程中插入了人类用水这一过程，在经过人类使用之后，水再继续原来陆地径流的运动汇入大海。

在人类用水过程中,虽然可能会改变径流的途径和水质,混入各种有机和无机物质,但是水不会因为人类的使用而消失,生物圈中水的总供给量基本不会被人类活动影响。所以从全球水文循环角度上说,尽管人类用水可能会造成局部地区水循环量的增减和水质变化,但是不会造成全球水自然循环总量平衡的变化。这也从侧面证明了水环境的可恢复性。

然而,水要成为可被人类利用的水资源,它必须存在于特定地点并有一定的水质和水量,所以,我们必须深刻意识到水虽然是一种可循环再生的、然而却又常常是短缺的资源。虽然人类活动对全球水文大循环总量影响不大,但是对于局部流域的水质与水环境质量却可能带来巨大的影响,甚至造成当地水生态系统的完全破坏。

3.1.2 社会水循环系统

以前讨论社会水循环时,曾将城市水循环系统分成给水与排水两个子系统,用以说明社会水循环的组成,以及各自部分的功能和作用。为进一步分析社会水系统各部分对水循环产生的影响,在这部分的讨论当中,根据城市水循环的构成和特点,将它划分为三部分。城市水循环系统的构成如图 3-2 所示。

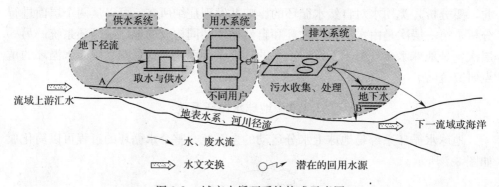

图 3-2 城市水循环系统构成示意图

由图 3-2 可见,城市水循环系统主要由供水系统、用水系统、排水系统 3 个子系统组成。其中各子系统又包括若干内容,例如用水子系统按照用水对象不同,又可分为生产用水、生活用水。生产用水还可进一步细分为工业、农业(包括林业)和第三产业用水。生活用水包括家庭用水和娱乐用水,以及人工景观环境用水。

水在社会循环中的运动,一般是:水从自然界中经过取水系统进入社会循环的首段,通常在经过一定的处理之后,再经由自来水输配水系统送至不同用户使用,使用之后的水一般含有数种化学和生物学物质,其含量大多超出环境中本底值,所以要通过排水系统的收集与处理再生之后,再排入自然水体之中。

在这个过程中,人类用水对水自然循环的水量和水质可能造成多种不同的影响情况，归纳起来不外是以下两种不同的结果。

第一种结果是：如果人类取用的水量控制在一定限度内，取水后河道还能够维持河道生态需水量，也没有超出地下径流的补给速度，用后排入自然水体的水质也不超出水体自净能力的要求，则原有河道的生态水量和水质就可以得到保证，水的社会循环与水自然循环就能够协调发展。

反之，当人类用水量过大，超过河道维持最低生态环境用水量要求的限度，河道的生态环境不能继续维持，水生生态系统演替，水生态系统功能受损，严重者甚至完全干涸变成陆地生态系统。如果社会循环排出的水质超出当地水体的自净能力，水体水质将进一步恶化，最终丧失水环境自净能力。水污染物随着水流进入下游流域，继续污染下游水体，并将最终归于大海，破坏河口生态系统，污染近海海域，最终造成水资源的不可持续利用。

因此，要使水环境得以恢复，水资源永续地满足人类社会发展的需求，就必须减少水的社会小循环对自然大循环的干扰，或者使"干扰度"处于水的自然大循环可承载的范围之内。

这就要求，在水的社会循环中，应该有节制地开采水资源，节约用水，用后还给水体的也应该是为水体自净所能允许的、经过净化了的再生水。这种社会水循环，可称之为水的健康循环。

从图 3-2 中还可以看出，在水的社会循环中，与自然系统具有共同界面，进行水文交换的主要是通过供水系统和排水系统（如图中 A、B 两点所示）。其中供水系统主要从自然界中获取一定量的水，对自然界的影响主要限于水的数量范畴（当然由此也对水生态系统产生一定的影响）。相应的，排水系统与自然界的交换信息量最大，同时涉及水量与水质两方面。它不仅仅向自然界排入一定量的水，同时，水中含有大量的其他杂质也使水质发生较大变化。可见，在社会水循环系统中，排水系统是维持它能否与自然系统协调发展的关键。据此，城市排水系统是促进城市用水的健康循环，恢复水环境的生命线工程。它的任务早已超出了排除雨、污水，保护城市生活环境，防止公共水域污染的范畴。可以说在污水深度处理、超深度处理和有效利用方面的每一点进步都是对人类和地球的贡献。

值得强调的是，虽然用水系统不直接与自然界发生联系，但是，它作为人类社会用水的主体，却同时对供水系统和排水系统起到控制和指导作用。它的用水量大小影响着供水系统的取水量，也决定着排水系统水量和水质负荷，因此，对用水系统进行控制，减少用水量，是缓解人类用水对自然界干扰的根本。对用水系统水量的控制和减少，其实正是后文讨论的节制用水和节约用水的范畴，所以从社会水循环系统的分析也可得出，节制用水和节约用水应该是水环境恢复和水健康循环的首要策略。

3.1.3 社会水循环现状

在水的自然循环中，每年陆地表面的降水量超过蒸发量，而在海洋，蒸发量比降水量大。看起来，似乎是陆地年年获得水，而海洋则是年年损失水。可是陆地并不是越来越湿润，海洋也不会干涸，其原因是陆地上得到多余的降水，形成地表径流或地下径流，最终从陆地返回海洋。人类社会就是在不断的水文循环中取用水资源，满足生产、生活之需。

水的自然循环和社会循环交织在一起，水的社会循环依赖于自然循环，又对水的自然循环造成了不可忽视的负面影响。但是，只要在水的社会循环中，注意遵循水的自然循环规律，重视污水的处理程度，使得排放到自然水体中的再生水能够满足水体自净的环境容量要求，就不会破坏水的自然循环，从而使自然界有限的淡水资源能够为人类重复地、持续地利用。

在水的社会循环中，用后废水的收集与处理系统是能否维持水社会循环可持续的关键，是连接水社会循环与自然循环的纽带。

目前，大部分国家的社会水循环现状不容乐观。尤其是发展中国家，情况更加危急。我国社会水循环的流量已经占可利用水资源量的50%左右，70%的河流不能满足饮用水源的要求，其中40%的河流甚至连农业灌溉用水也不能满足，水环境已经全面恶化。这种社会水循环现状是不健康的水循环。

在水的社会循环中，由于污水处理昂贵的费用和人们滞后的水环境和水资源保护意识，对使用过的废水大部分没有进行处理或足够深度的处理便排入自然水体中，破坏了地球上极为有限的淡水资源的质量和运动规律，造成江川污染、河床干涸的可怕局面，最终使得大自然不堪重负，水生态遭到破坏，水环境日趋恶化，这就是不健康的水循环（unhealthy water cycle），终将造成水资源的不可持续利用，人类的生存和发展受到威胁、人类社会不能持续发展。图3-3为不健康水循环示意图。

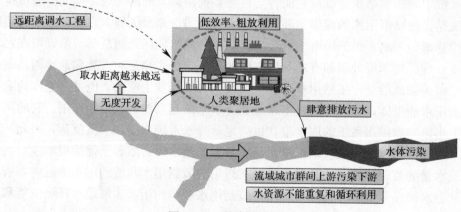

图3-3 不健康的水循环

3.2 城市水资源和城市水系统

3.2.1 城市水资源

水资源远远小于地球上水的储量,构成水资源要满足三个条件:(1)年可更新的水量足够大的水体;(2)适宜的水质;(3)有可靠的补给来源。就自然径流水资源而言,学术上无需区分城市水资源和农业水资源,也没有办法来区分。因为水资源是流域的或者是区域的,其可以为城市取用,也可以为农业取用。然而,城市除自然径流水资源之外,还有城市污水、市区雨水,均可以为城市取用,可称为城市的第二水源。另外,应用节制用水、需求侧管理等水事活动管理手段和技术手段,可能节省可观的城市用水量,也等于增加了城市水资源量。在沿海和大洋岛屿海水也可作为城市水资源。从全方位来看,城市可取用的自然径流水资源、城市污水、雨水等非传统水源和节水水资源统称为城市水资源。

1. 流域内自然径流水资源

从卫星上看地球,似乎是一个水球,地表 3/4 覆盖着海洋,全球约有 $14 \times 10^8 \mathrm{km}^3$ 的水量。所以,地球上才有生命、人类和人类社会。但是可称为人类社会水资源的显然只有地表、地下自然径流才是可持续利用的水资源,其水量是有限的,稀少的。

水资源是流域共有的,是流域内的人类社会与生态系统所共有的。人类社会取用水资源必须有节制,应以生态平衡和水资源可持续利用为原则。超过了这条底线就产生了水危机。那种动用科技力量长距离、跨流域调来的水资源,是不属于本流域的,是剥夺他流域的资源,强烈改变了自然水文循环规律。对本流域和他流域会带来意想不到的生态平衡和环境问题。水资源还必须满足一定的水质标准。许多城市河段因污染而不能作为水源,由此,呈现了守着大江大河而缺水的现象,即所谓的水质型缺水。

2. 城市污水资源

城市生活和生产排出的污水,通过物理的、化学的和生物的方法可以净化到工业生产、绿化、河床生态用水的水质要求,通称为再生水。将城市污水处理厂变为再生水厂,就可以生产再生水,建立城市再生水供应系统,可以替代自来水用于工业、景观和其他非生活用水。所以,城市污水也是水资源。

城市污水的产生量约为用水量的 70%~80%,而在城市用水量之中,为人们直接饮用和与人体密切接触的水量仅占全部用水量的 30% 左右。其余都是生产用水和城市杂用水,可以被再生水所替代。在缺水地区城市污水再生之后几乎全部回用于城市,由此城市需求的自然径流水资源就可减少 50%~70%。所以城市污水不但是城市水资源，而且是稳定的重要水资源。

3. 市区雨水资源

城市的屋顶、广场、道路都被人工硬化了的不透水材料所覆盖。整个城市几乎被一张不透水大网所铺盖，一遇暴雨立刻形成地表径流，涌向河道，形成洪水，奔入大海。雨水资源快速入海，不能涵养地下水，无法形成地下缓慢径流，也不能提高地下水位，在枯水期地下水就不能补充河流枯水流量，洪水资源就这样白白流逝了。

如果将城区雨水储存起来，可直接供城市利用。如果使其渗入地下，则可增加地下水资源，所以城区雨水也是城市水资源。

4. 节水资源

以往城市供水规划只注重开发水源，忽视了终端的节水管理，忽视了管网漏失和用水户的浪费。这种以单纯增加供水量来满足城市需水增长的供水模式，使得城市需水量越来越大，城市水源地越来越远，因此这种供水模式是不可持续的。

提高用水户的用水效率，减少水量消耗和改变用水方式来降低城市用水需求，也可视为一种水资源。这种节省下来的水资源可作为城市供水公司的替代水源，使城市水资源相对增加，并且可以纳入城市供水规划。虽然节省下来的资源是虚拟的，但确实减少了城市对自然水资源需求的压力，所以是城市不可忽视的水源。

综上，流域内可利用的自然径流水资源、城市污水、城市雨水和贯彻节制用水的节水资源都是城市的水资源。

5. 沿海地区海水资源

在解决淡水资源短缺的危机中，海水资源的开发利用越来越受到重视，尤其是沿海缺乏淡水资源的国家和地区。海水利用有两种方式，即海水淡化与海水直接利用（或称海水代用）。

(1) 海水淡化

真正的海水淡化技术研究从 20 世纪 20 年代开始，40 年代进入应用领域，60 年代后有较大增长。

海水淡化技术主要有膜分离法，即电渗析（ED，Electro Dialysis）、反渗透（RO，Reverse Osmosis）、及蒸馏法、冷冻法（Freezing）、太阳能蒸发法（Solar Still）等，目前能投入商业化使用的海水淡化技术主要可分为两类：一类是膜法，一类是蒸馏法。

当今海水淡化装置主要分布在两类地区。一是沿海淡水紧缺的地区，如中东的科威特、沙特阿拉伯、阿联酋、美国的圣地亚哥市等国家和地区。二是岛屿地区，如美国的佛罗里达群岛和基韦斯特海军基地、中国的西沙群岛等。

我国海水淡化技术研究始于1958年的电渗析技术；1965年开始研究反渗透技术；1975年开始研究大中型蒸馏技术；1981年在西沙的永兴岛建成200t/d的电渗析海水淡化装置；1986年批准引进建设日产2×3000t的电厂用多级闪蒸海水淡化装置；国内设计的1200t/d多级闪蒸淡化装置1997年在天津大港电厂调试成功；1997年在舟山市的嵊山岛建成日产500t的海水反渗透淡化装置；1999年4月大连长海县1000t/d海水反渗透淡化工程投产；沧州化学工业有限公司日产$1.8×10^4$t的高浓度苦咸水淡化工程于2000年底部分投产运行。

(2) 海水直接利用

所谓海水直接利用，或称为海水代用，是不经淡化处理而直接利用海水替代某些场合下所需的淡水（新鲜水）资源。

海水直接利用在海水利用总量中占极大比例，近来随着阻垢、防腐和海生生物防治技术的发展，海水直接利用的范围正逐年扩大。

3.2.2 城市水系统

1. 传统城市水系统的组成

城市用水循环是通过城市水系统来完成的。传统意义上的城市水系统可分为给水系统和排水系统。主要单元工程有：

(1) 取水工程

从河川、湖泊取水的地面水工程设施，他的组成有取水口、重力输水管和取水泵站。地下水取水工程的组成有井群、连接管和泵站。

(2) 输水工程

将取上来的地面或地下水送至水厂的工程设施，主要是原水输水管和中途加压泵站。

(3) 给水净水工程

将自然水净化成符合用水户要求的净化设施，即净水厂。

地面水净水厂可据原水水质和净水水量规模采取不同的净化流程和工艺技术。地下水澄清透明，水质良好，往往只需要消毒后就可送往管网供用户使用。但是也有些地区的地下水含有过高的Fe^{2+}、Mn^{2+}离子，可使水着色，其臭味影响生产生活的使用和人体健康，需要进行除铁除锰后方可供给用户使用，有些地下水含Ca^{2+}、Mg^{2+}离子过高，根据用户需要也应该进行软化处理。

(4) 供水管网

是将净化好的水（自来水）送至全市用水户的输水系统，由主干管、支干管和遍及全市区的网状管道组成。

(5) 用水系统

从用户的进户管开始到用户出水管为止，包括用水设备统称为用水系统。

(6) 排水管网

接受千家万户排出的污水并送往污水处理厂的重力流管网系统。

(7) 污水处理厂

传统的污水处理单元工程有：① 一级处理，经格栅、沉砂、沉淀去除水中的漂浮和粗大无机和有机污染颗粒物质；② 二级处理，用生化方法去除水中的有机污染物，就世界各国水处理工程而言，二级处理的处理后水质 $BOD_5<20mg/L$，$SS<20mg/L$，相当于我国现行排放标准一级 B 的水平。一般所说的污水处理率就是指污水二级处理率。

(8) 排放管道：将处理后的污水送往河川等排放水体的输水管道。

这样，城市用水从江河水体取水到排放回江河水体形成了城市用水的人工循环。

2. 现代新的排水系统模式

现代城市人口高度集中，工业发达、排放污染负荷猛增。这种传统城市水循环系统已经干扰了水的自然循环，导致了水危机。所以，这种排水系统是不健全的，不能形成健康的社会水循环。要建立城市水系统的健康循环还必须在传统水系统的基础上有质的飞跃和提高。

将传统的污水处理厂变为再生水厂，提高污水处理程度，增加深度处理单元，使深度净化后的水符合水体自净的水质要求。这样还给江河的排放水，不但不污染江河，也成为江河水资源的一部分。

在缺水地区，以城市各再生水厂为中心建设再生水供水系统，简称再生水道。将再生水送往工业绿化市政杂用，河床基流等用水户，构成水资源的再生和再利用。可以缓解当地水资源短缺的矛盾，同时也减少了对水环境的污染负荷。对于缺水城市而言会取得更大的经济、环境与社会效益。

现代城市水系统的新模式如图 3-4 所示。

从图中可以看出，完备的水系统是由取水、输水、净化、用户、污水管网、污水再生水厂、再生水回用或排放等系统组成。在水资源丰富地区，虽可免除再生水供应系统，但污水再生和排放系统是不可或缺的，关系到城市用水健康循环和环境恢复的大计。我国现行污水处理水的排放标准一级 A 大体上满足再生水的要求。

3.2.3 城市水系统的健康循环方略

1. 节制用水

(1) 节制用水的概念

节制用水首先是一种水资源利用观，或者是水资源利用的指导思想。在水资源开发利用过程中，不仅要节省、节约用水，更要在宏观上控制社会水循环的流

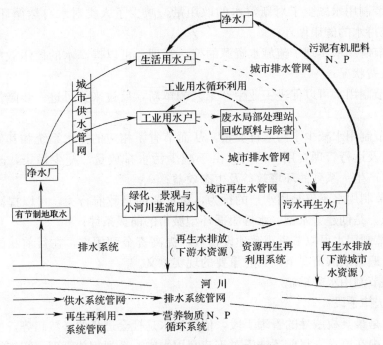

图 3-4　现代城市水系统新模式

量,节制自然水取水量。从这个意义上看,节制用水不是一般意义上的节约用水,它是为了社会的永续发展、水资源的可持续利用以及水环境的恢复和维持,通过法律、行政、经济与技术手段,强制性地使社会合理有效地利用有限的水资源。它除包含节约用水的内容外,更主要在于,根据地域的水资源状况,制定、调整产业布局,促进工艺改革,提倡节水产业、清洁生产,通过技术、经济等手段,合理科学地分配水资源,控制水的社会循环量,减少对水自然循环的干扰。它与节约用水两者的区别可简要总结于表 3-1。

节约用水与节制用水区别　　　　　　　表 3-1

项目	节约用水	节制用水
出发点	道德、责任、经济	可持续发展
介入点	已有的产业结构和布局	尚未规划或重新规划产业结构与布局
归宿点	提高具体行业的用水水平	实现水的社会循环与自然循环协调发展
实施主体	个体、用水单位	社会整体、政府水管理部门

对于普通用户来说,主要是节约用水的范畴。按照不同用水户可分成工业、农业、生活节水等方面。

(2) 节制用水的意义

1) 节制用水减少了对新鲜水的取用量,减少了人类对水自然循环的干扰,有利于维持水的健康循环;

2) 节制用水实现了流域水资源的统一管理,可以提高水的使用效率,减轻了水的浪费状况;

3) 节制用水可以促进工业生产工艺的革新,反过来又可进一步降低水的消耗量;

4) 节制用水减少了污水排放量,从而节省了相应的排水系统和其他市政设施的投资及运行管理费用,同时,由于减少污水排放量、减少污染,改善了环境,可以产生一系列的环境效益及生态效益;

5) 节制用水不仅是用水户的行为,更重要的是政府行为,可以提高全社会节水意识,是创建节水型、水健康循环型城市的前提条件;

6) 节制用水可以节省市政建设投资,提高资金利用率,在目前我国市政建设资金普遍紧缺的情况下,具有重要的现实意义。

(3) 节制用水的措施

1) 法律手段

法律是最具权威性的管理手段,依法治水是社会进步的必然趋势,也是现代化社会的内在要求。目前还缺乏对于节制用水的一系列相关管理、实施的法律法规,应该根据我国水资源的实际情况,在有关法律基础上,尽快建立可操作性强的节制用水法律法规。通过法律途径促进节水型社会的建设和高效水管理机制的形成,是节制用水策略得以顺利实施的前提和基础,也是我国节制用水得以健康发展的最有力保障。

在发达国家,水环境能够维持或恢复到较为良好的水平,严格、完善、可操作性强的法律法规体系起着重要的作用。如德国的环境法制体系已经进入较为完备的阶段,而且其法律规定明确具体,易于操作。如《德国水管理法》规定:违反本法,罚款10万马克。这些法律法规的颁布和严格执行收到了良好的效果,使德国的环境质量有了巨大的改善。20世纪五六十年代曾是污染严重、鱼虾绝迹的莱茵河,如今其水质已达到饮用水标准。

2) 管理手段

管理薄弱是导致水资源未能合理利用的重要原因,在某种程度上也影响水问题的顺利解决。我国目前的水管理体制表现为条块分割、相互制约、职责交差、权属不清、行政关系复杂,水资源的开发、利用和保护缺乏统一的规划和系统的管理。

水资源管理必须从全流域角度进行统一管理,改变传统的管理方法,由供给管理转向需求与供给有机结合的管理,进而逐步实现需求管理。同时在水资源管理当中,政府的宏观调控功能应该得到加强和完善。

3) 教育手段

目前，虽然许多事实迫使人们对于水问题有了一定的认识，但是社会上有许多人对于水资源仍存在一些错误观念，对于水环境的恶化没有足够的认识。因此，通过课本、电视、网络等多种媒体形式开展有针对性的宣传教育，向公众大力宣传我国水资源短缺的现状，增强公众对水资源的危机感和紧迫感，让人们了解国内水环境恶化的现状和危害，增强公众对再生水的了解，取得社会对节制用水的共识和支持。这样有助于纠正人们认识的误区、提高全社会保护水资源和水环境的意识，对于流域治污，提高用水效率等方面具有极其重要的作用。

在国外，对于水问题的教育已经渗透到了人们生活的许多方面。在美国，除了在小学至大学设置环境和水资源课程外，还利用电视、报纸、广播等现代媒体向公众传授水资源保护的重要性。

4) 科技手段

清洁生产、少水或无水工艺等先进的生产技术可以从根本上减少水的消耗量。采用先进的生产技术，包括工业上的新工艺、新设备，农业上的节水灌溉新技术、新品种等多方面的内容。

例如，农业灌溉用水中，发展了许多新的灌溉技术，包括小畦灌、喷灌、滴灌、低压管道灌溉技术等等。采用喷灌比目前的畦灌可以节水50%，滴灌可以节水70%~80%。

5) 经济手段

环境问题是在经济发展过程中产生的，也必须在经济发展过程中解决，而最好的解决方法就是运用经济手段。这在国外发达国家多年实践中已得到证明。例如，荷兰和德国，环境税已实施多年，环境保护的主要财政来源就是环保税收。征收居民的废物回收费和污水处理费（德国柏林居民自来水费 3.45 马克/m^3，而污水处理费为 3.86 马克/m^3。），不仅有效地保证了城市环保处理设施的正常运行，同时在很大程度上鼓励了公众节约用水和减少废物的产生。

2. 污水再生、再利用与再循环

(1) 污水再生的必要性

欲维系健康的社会水循环，污水处理程度与普及率是应认真讨论的。诚然，提高污水二级处理普及率是控制水污染、恢复水环境必不可少的措施。但是国内外实践证明，仅仅依靠提高二级处理普及率是远远不够的。

根据中国工程院预测结果所示，按建设部的规划 2010 年、2030 年全国污水二级处理普及率分别达到 50% 和 80% 时，城市污水对水环境的污染负荷并没有明显减弱，近岸海域、江河湖泊的污染趋势仍然得不到遏制。这是由于污水处理率虽在增加，但污水排放总量也在增长，使得污染负荷总量削减有限之故。因此，在提高污水二级处理普及率基础上，推进污水深度处理的普及和再生水有效利用，就是解决水资源危机、建立健康水循环的必然选择。无论是国内还是国外，这都已经是发展的必然需要。据文献报道，东京都污水处理率达95%以上，区域内河川水质已有明显改善，但是东京湾富营养化仍有增长趋势，赤潮时有发生。日本东京湾特定水域深度处理基本计划的预测中，当东京湾流域的川崎市、横滨市和东京都的污水二级处理率都达到100%时，污水处理厂排出负荷仍占入海负荷比例大半。海水上层水质COD_{Mn}仍为5.75～5.46mg/L，还是达不到环境标准，这是因为普通二级处理只能去除易分解的含碳有机物，而对N、P和难降解有机物作用不大。1997年东京湾排放标准提高到COD_{Mn}为12mg/L，TN为10mg/L，TP为0.5mg/L，这就意味着东京湾的环境质量已寄希望于污水深度处理。

然而，普及二级处理的工程费用和维护费用已经十分惊人了，要达到上述原建设部规划的二级污水处理率，污水处理设施的投资预计为年均约230亿元，这还不包括昂贵的运行费用。要进一步普及深度处理，各级财政无疑更难以承受。但是城市污水是城市内宝贵的淡水资源。如果在二级处理基础上进行深度处理，建设城市再生水道系统，即从整个城市角度出发，建立含污水处理、深度净化、管道输送系统在内的，以城市污水为源水的城市第二供水系统。将排放水变成再生水而成为城市稳定的第二水源，这也是最大力度的节约自然水资源。这样做既可减少污水排放量，还可开发第二水资源，创造可观的经济效益以补贴运行费用，使财政可以承担，同时可减少远距离调水的巨额费用，是一举数得的明智之举。

当前我国每天产生$1\times10^8 m^3$多的污水，如果能利用其中的20%～30%，就可以解决近10～20年的城市水资源不足的问题。这将大大减轻水资源压力，减少从自然界取用的新鲜水量。不但缓解了水资源的不足，同时减少了社会循环的流量和污染负荷量，对改善水环境、解决水资源短缺具有战略意义。此外，还能带动污水处理事业的发展，取得更大的环境效益和社会效益。如果大部或全部城市污水都得以再生，就可解决水系的点源污染难题。在闭锁性水域地区和缺水地区舍此别无出路，就是在水资源丰富地区，也是保持健康水循环的良策。

目前，国内外诸多污水回用工程的成功实例，已经有力地证明了这一措施在维持良好水环境和水资源可持续利用方面的巨大作用。

正是基于城市污水再生利用的显著经济、环境、社会综合效益，以色列甚至发布这样一条法令：在污水可利用潜力没有被充分利用之前，不宜利用海水。这种注重改善水环境与解决水资源短缺危机并举的做法是符合自然界水循环规律的。同时，也从另外一个侧面证明了污水再生回用的必要性和迫切性。

综上所述，污水的深度处理和再生利用是扩展意义上的节制用水，同时也是水健康循环的必要部分。要想恢复和维系水健康循环，保障水资源的可持续利用，扩大污水处理普及率、提高污水处理程度、实现污水再生回用，是势在必行之路。

(2) 污水深度处理与回用概念

污水深度处理有别于污水三级处理。三级处理是在二级处理流程之后再增加处理设施，以取得良好的水质，满足排放标准的要求，它指的是处理单元的位置。深度处理的概念是在污水进行二级处理的基础上，通过改进工艺或增加处理单元，进一步去除水中的难降解有机物和N、P等营养物质，满足某种具体回用对象的水质要求，或使排放到自然水体中的处理水能够满足水体自净的环境容量要求，不影响当地或者下游城市和地区的正常使用，以促进健康的水社会循环的建立，他指的是净化后的水质，达到再生水的要求。污水再生不仅依赖三级处理而且要依赖污水净化全流程。

污水深度处理与利用在经济发达国家已在推广，甚至普及。1996年日本有162处污水处理厂有再生水设备，再生水利用量为 $48×10^4 m^3/d$。西欧各国远早于20世纪80年代深度处理率就已达到50%～80%。

(3) 再生水作为水源的应用前景

再生水可直接排放于水体，不仅不污染水系水质，而且成为下游城市水源的一部分。但在缺水地区或在丰水地区经济合理的条件下更可回用于城市和农业。

根据不同用户的水质需要，再生水可应用于以下几个方面：

1) 创造城市良好的水系环境。补充维持城市溪流生态流量，补充公园、庭院水池、喷泉等景观用水。日本从1985～1996年用再生水复活了150余条城市小河流，给沿河市区带来了风情景观，愉悦着人们的心情，深受居民欢迎。北京、石家庄等地也利用再生水维持运河与护城河基流。

2) 工业冷却水。大连春柳河污水处理厂早在1992年投产了污水再生设备，生产再生水 $10000 m^3/d$，主要用于热电厂冷却用水，少部分用于工业生产用水，运行10多年来效果良好，效益可观。

3) 道路、绿地浇洒用水。大连经济开发区应用污水再生水喷洒街道花园、林阴树带，节省了大量自来水。喷洒用水的水质要求应该比工业用水更严格，因为它影响沿路空气并可能与人体部分接触。

4) 建筑中水。建筑中水以冲厕所等杂用水为主，一般是以大厦或居民小区为独立单元，自行循环使用。在城市再生水道发达城市，以城市再生水道的再生水为水源，便成为城市再生水道的一部分。

5) 城市再生水道。在有条件的城市可以在大片城区内建设广域再生水道，以工业冷却用水、绿地、景观用水、河床生态基流为主，并可结合建筑中水，形成统一的再生水供水系统。

6) 融雪用水。日本融雪用水占全部再生水使用量的11%，在我国北方也有应用前景。

7) 农业用水。再生水用于农业灌溉不仅节省了水资源，同时也使回归自然水体的处理水又经进一步净化。再生水用于农田应满足农田灌溉标准，一般二级水经过适当稀释就可以达到水质要求。

8) 污染物处理用水。在处理城市固体废物时，可利用再生水作溶剂，不但可节约自来水用量，同时还可充分利用再生水中含有的一些杂质，省去另加药剂，降低处理费用。例如，在烟道气的处理中用污水再生水比用自来水的处理效率还要高。国外还有利用再生水处理生活固体垃圾，回收其中的有用物质。

9) 含水层贮存与回收（ASR Aquifer Storage Recovery），ASR 是将雨水、再生水通过注入井、湿地等注入地下含水层中贮存起来，必要时抽取使用。

(4) 城市再生水供水系统

按照当前再生水利用的发展阶段和应用范围，城市再生水供水系统（再生水道）主要有以下四种方式：建筑中水道、小区中水道、城市再生水道、流域水循环系统。

1) 建筑中水道

建筑中水道立足于建筑大厦内部的污水处理和回用系统。该系统是将单体建筑物产生的一部分污水，经设在该建筑物内的处理设施处理后，其水质介于上水和下水之间，称为中水。循环利用于建筑大厦内的冲厕等杂用水，中水的净化、输送与配水系统称为建筑中水道。最初起源于日本东部新宿高层建筑物内。该方式具有规模小，不需在建筑物之外设置中水管道，较易实施等优点，但单位水处理费用大，不易管理。其典型示意图如图 3-5 所示。

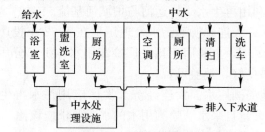

图 3-5　建筑中水道典型结构示意图

虽然建筑中水道对于缓解水资源短缺曾做出一定贡献，具有积极意义。但是应指出，大厦中水系统由于其单元规模小、成本核算高、运行操作复杂等因素，常常不能稳定运行。已出现多处此类中水系统建成后短期内便停运的现象。例如，深圳特区自 1992 年颁布《深圳经济特区中水设施建设管理暂行办法》以来，建成中水工程 29 座，总规模达 400m^3/h。现在，大多数中水工程已停止使用，只有百花公寓和长乐花园 2 个中水工程还在不正常运行，规模为 30m^3/h。

因此，事实已经证明了建筑中水道的局限性，已经不足以适应目前发展的需要。只有将小区、大厦中水系统纳入城市污水回用大系统成为城市或区域中水道，其经济效益、管理水平才会有大幅度提高。

2) 小区中水道

该系统可用在建筑小区、机关大院、学校等建筑群，共同使用一套中水输送管道及处理设施供应中水。小区中水道的特点是规模相对较大，较建筑中水的综合效益有较大提高。但运行管理需要专业技术人员，对小区的人员、管理水平有较高的要求。其典型示意图如图 3-6 所示。

3) 城市再生水道

习惯上该系统的水源取自城市二级污水设施的出水，再生水处理设施可设于城市污水处理厂区内，亦可设于接近于再生水大用户的位置，城市二级处理出水经深度处理后，达到再生水水质标准，供给工业、农业、生活、景观绿化、市政杂用等。其典型示意图如图 3-7 所示。城市再生水道是目前应用研究的主要方向之一。

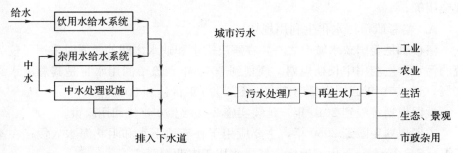

图 3-6　小区中水道典型结构示意图　　图 3-7　城市再生水道典型结构示意图

4) 流域水循环系统

图 3-7 是历史上遗留的污水处理与深度净化分别设计与分期施工的图示。现在新建和有条件改造的污水处理厂都建立污水再生全流程水厂，从原水水质到再生水水质建立统一的处理、净化全流程，在各单元处理构筑物间合理分配污染物去除的种类和负荷，以求在污水再生的全流程能耗、物耗最低，再生水水质更好。

流域水循环系统是广义上的"再生水道系统"，该系统的实质是从恢复水环境、实现流域水健康循环的角度出发，以流域为单位，规划若干城市群的污水再生利用系统，并与流域水系功能相结合，实现流域内城市群间水资源的重复与循环使用，以获取整个流域最佳水资源生态效益、经济效益和社会效益。由于此项工作需要强大的宏观调控作用，同时还会影响到某些局部城市的短期利益，因此其研究和应用还十分缺乏。

在建筑中水道、小区中水道、城市（区域）再生水道这几种污水再生回用方式中,城市再生水道具有经济、高效、可靠等诸多优点,并且是流域水循环系统的基本单位。已经逐渐成为发展的主导方向。这种城市范畴上的再生水供应系统是城市水系统走向健康循环的桥梁,是我国水环境恢复、达成水资源可持续利用的切入点。

(5) 国内外的污水深度处理与回用状况

从国内外大量相关实例来看,污水深度处理与回用无论是在理论上还是实际工程应用上都相当成熟,只要按照科学的规划、建设和管理进行的污水回用工程都获得了满意的效果。

1) 美国

污水处理和回用在美国的发展,可以追溯到20世纪20年代。目前,回用水作为一种合法的替代水源,在美国正在得到越来越广泛的利用,成为城市水资源的重要组成部分。20世纪80年代,美国污水再生利用量已达$260\times10^4 m^3/d$,其中62%用于农业灌溉,31.5%用于工业,5%用于地下水回灌,其余用于城市市政杂用等。

A. 洛杉矶市污水再生利用规划

洛杉矶是美国缺水城市之一,在解决需水和缺水之间的矛盾时采用了较为系统的污水再生利用中长期规划。规划到2010年,该市回用水量是其总污水量的40%,到2050年回用水量为70%,到2090年将达到80%。

近期规划年限到2010年,延续实施20世纪80年代回用政策。

中期规划年限到2050年,主要应用于补充地下水和阻止海水入侵;在圣约奎恩(San Joaquin)山谷地区,回用水用于农业灌溉。

在2090年远期规划中,着重考虑了饮用水回用和地下水补充。

B. 佛罗里达的双重供水系统

在满足日益增长的需水要求方面,佛罗里达的圣彼德斯堡可称为典范。从1975年到1987年,圣彼德斯堡花费了超过1亿美元用于提高污水处理厂处理程度、扩建四个污水处理厂和建设超过320km的再生水管网,成为当时拥有最庞大的分质供水系统的城市。该系统同时还提供满足水质标准的居民区生活用水。到1990年,几乎每天有7000的居民使用$76000m^3$的回用水用于灌溉,2000年有12000的居民使用再生水,灌溉面积达到3600ha。由于采用了饮用水和非饮用水分质供应的双重供水系统,使得自1976年以来,该市在需水量增长10%的情况下,对新鲜自然水的取水量并无增加。

2) 日本

到1996年底,日本用于保护指定湖泊、维系环境水质的深度处理厂共15座,保护水源水域水质的有28座,保护三大湾水质的有32座,服务人口达593万人。

据 1996 年统计，日本回用水总量是全国污水处理总量的 1.5%。回用水厂 162 座，为全国污水处理厂的 13%。最大日回用水量为日均用水量的 3.9%。深度处理主要应用的方面是用于防止指定湖泊和三大湾等封闭性水域的富营养化，保护城市水源水域的水质、维系水质环境标准等。日本再生水主要用途构成如图 3-8 所示。

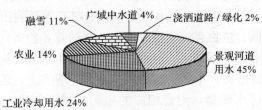

图 3-8　日本再生水主要用途构成（1996 年统计）

日本污水再生利用工程已见显著成效，目前福冈、高松市、琦玉县、长崎等各地已开始实施深度处理水利用计划。

3）南非

作为世界上最缺水国家之一的南非，年降雨量仅 44mm。再生水是重要的供水水源，通过水的再生和回用提供的水量占总供水量的 22%。目前在南非已广泛采用双重供水系统（也称双轨或双管系统）。再生水厂处于污水管网的中上游，接近用水点。由于回收水中含有营养盐，使灌溉的植被大大节省了肥料，因而作为城市的灌溉用水尤其经济。另外回用水用户支付再生水的费用要比用自来水低得多，体现了再生水在经济上竞争的优势并可使污水处理的运营盈利化。

4）以色列

以色列是在再生水回用方面做得最为出色的国家之一。以色列地处干旱半干旱地区，解决水资源短缺的主要对策是农业节水和城市污水再生利用。现在，以色列几乎 100% 的生活污水和 72% 的城市污水已经再生利用。处理后 42% 的再生水用于农灌，30% 用于地下水回灌，其余用于工业和市政等。该国建有 127 座再生水库，其中地表再生水库 123 座，再生水库与其他水库联合调控，统一使用。

世界上其他国家如，阿根廷、巴西、智利、墨西哥、科威特、沙特阿拉伯等国在污水再生利用中也做了许多工作。

污水再生利用事业在世界范围内的发展，在农业灌溉、工业用水、市政用水以及再生饮用等方面的经验对我国污水再生利用事业的开展具有很大的帮助。我国是农业大国，历史形成了市郊的大范围农田包围城市内工业的布局，因此，农业用水有望成为近远期再生水的主要用户。同时随着城市化进程的加速，城市工业的迅猛发展，工业用水逐渐成为再生水的大市场。此外，城市生态环境、绿化、景观用水也是再生水回用不可忽视的重要方面。污水再生利用于饮用在国外已有不少实例,但根据我国的现实经济条件等多方面因素的综合考虑,污水再生直接饮用难以效仿。但是,作为地下、地面水库的补充水是完全可行的。

5) 中国

我国对城市污水处理与利用的研究,早在 1958 年就被列入国家科研课题。20 世纪 60 年代,污水处理及利用停留在一级处理后灌溉农田的水平。利用污水灌溉,其水源成本低、植物有效利用废水中含有的营养物质,当时有所丰产。但未经妥善处理的污水灌溉使其中的溶解物质在作物中形成毒物积累,对蔬菜及其他农产品的质量造成危害,不是合理的利用方式。事实上,若利用污水灌溉,应采用二级处理并经清水稀释,配合相应的施肥、灌溉制度,用于指定作物的灌溉。这样既可以解决干旱季节或地区的农业灌溉问题,又在保证灌溉安全的前提下,充分利用了污水资源。

20 世纪 70 年代,我国将水污染防治的重点放在工业废水污染的控制上,提出了"三同时"的方针,但处理率不过 1%~2%。"六五"期间进行了城市污水以回用为目的的污水深度处理小试,工作重点主要停留在开发单元技术上。

20 世纪 80 年代初,我国污水产生量为 $6000 \times 10^4 \mathrm{m}^3/\mathrm{d}$,处理率 1.5%~3%。"七五"、"八五"期间,在北方缺水的大城市如,青岛、大连、太原、北京、天津、西安等城市相继开展了污水再生利用于工业与民用的试验研究。中国市政工程东北设计研究院与大连市排水处经过了"六五"、"七五"、"八五"三个五年的技术攻关后,对大连春柳污水厂进行技术改造,建成 $1 \times 10^4 \mathrm{m}^3/\mathrm{d}$ 回用水量的深度处理示范工程。1992 年投产运行,回用水质长期稳定,浊度<5NTU,BOD_5<10mg/L, COD_{cr}<50mg/L。再生水作为工业冷却水供给附近的大连红星化工厂,并为热电厂、染料厂等企业提供了稳定的水源,解决了各厂因缺水而停产的问题,开创了城市污水作为城市第二水源的事业,树立了城市污水再生利用于工业的典范,成为国家的回用水示范工程。

同期,建筑中水技术开始发展。建筑中水是住宅小区、大厦、机关大院的污水再生利用系统。日常生活中不直接接触人体的各种杂用水约占生活用水量的一半以上,即在保证同样生活质量的前提下,如普及建筑中水系统,可以节省用于生活的自来水 30%~50%。但应指出,建筑中水系统由于其单元规模小、成本核算高、运行操作复杂等因素,常常不能稳定运行。已出现多处此类中水系统建成后短期内便停运的现象。因此,将小区、大厦中水系统纳入城市污水再生利用大系统成为城市或区域再生水道,其经济效益、管理水平会有大幅度提高。

20 世纪 90 年代中叶之后,国务院开始了包括治理三河(淮河、海河、辽河)、三湖(滇池、太湖、巢湖)在内的绿色工程计划。尽管如此,2000 年底我国城市废水处理率也仅为 14.5%,主要水系的水质仍没有达到其功能的要求,约有40%以上的河段仍处于Ⅴ类或劣Ⅴ类的状态。点源处理与达标排放的策略已经由环境整体恶化的事实证明了其局限性。

21世纪初期，部分城市开始进行城市范畴上的污水再生回用规划。深圳2001年完成了规划编制，大连2004年完成规划战略研究，北京、天津等城市的相应规划正在进行中。进入21世纪，我国的污水处理与回用趋向于城市范畴内水资源循环利用与水环境的维系。

3. 污泥土地利用

(1) 现代营养物质循环

在自然界中存在着氮、磷、钾等营养物质的天然循环。其中重要的一条途径为这些营养物质从土壤中被植物吸收，通过食物链，从低营养等级传递到高营养等级的生物，再从各类生物的排泄物和死亡的躯体中，通过分解者又回到土壤当中。

自从水冲厕所的兴起以来，人类的粪尿就进入了城市排水系统。由于污水处理厂污泥处理费用昂贵，使得人们总是希望寻求一个简单的、经济的、方便的处理手段，从排江到投海，由堆弃至填埋。由于远离传统农业的时间越来越长，人们已经开始淡忘了自然界中存在的氮、磷、钾等的循环，有意无意地切断了这一自然循环链条。N、P等营养物质的循环现状如图3-9所示。

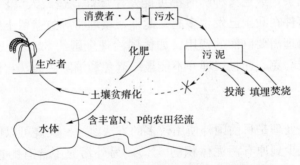

图3-9 现代不健康的营养物质循环

随着城市化进程的加快，城市人口的增加，工业和生活污水排放量日益增多，污泥的产生量也迅速增加。据资料显示，英、美两国在过去的几年中，污泥量年增长5%～10%，每年所积累的干污泥量分别达1.7×10^6 t和9×10^6 t以上，我国每年产生的污泥量更是高达1×10^8 t以上。污泥中又含有大量有用的物质如植物营养素、有机物及腐殖质等，污泥中还含有植物生长所需的其他微量元素，如B、Mo、Zn、Fe、Mn等，这些元素对植物生长有利，而且往往是土壤中所缺乏的，此外，污泥中所含的蛋白质、脂肪、维生素也是动物有价值的饲料成分。

就我国而言，目前存在着这样一个不争的事实。一方面，随着污水排放量的增加，随之产生大量的污泥，这些大量的有机污泥由于处理不当，正在污染环境、占用土地；另一方面，大部分的农田缺乏有机肥料，土壤质量日趋下降。

(2) 污泥处置方法分析

污泥的最终处置方式主要有投海、填埋、焚烧和土地利用等。

1) 投海

这种方法曾一度被认为是既节省费用又处理了污泥的有效方法，其理论基础是海洋的自净作用。但实质上，海洋的自净作用也是有限的，随着污泥投弃量的扩大，会使海水中含氧量远低于海洋生物群所需氧量，严重破坏海洋生物的生活区。如美国纽约，每年把 $382 \times 10^4 m^3$ 的污泥投至纽约港外指定的海区，现已发现该海区近 $25.9 km^2$ 的区域内，几乎所有的海底生物群都绝迹了，而且海底污泥的重金属浓度比无污染地区高 150~200 倍。因此，目前投海方法受到严格的限制，已禁止使用。

2) 填埋

陆地存放和填埋需要占用大量土地，并且投弃场所易产生恶臭，同时投弃物受雨水冲刷和土地渗漏会引起对地表水和地下水的污染。此外，污泥中含有大量有机物，填埋在适宜的条件下会发生消化反应产生污泥气（沼气），一旦污泥气的压力释放不出去，或遇火种随时都可能发生爆炸，造成人员伤亡和财产损失。垃圾场爆炸的事件在我国已发生多起。此外，填埋将导致遗留土地污染，这些遗留土地污染的治理需要巨额的费用。如德国治理全国约 8000 处遗留土地污染源可能需要几百亿马克。而且填埋并不能最终避免和消除污染，它仅仅是减缓了污染的时间而已。

3) 焚烧

污泥的焚烧处理是目前国外使用较多的方法之一。焚烧可以使污泥的体积减少到最少量（减少到原有污泥体积的 5%）。另外污泥中含有的重金属在高温下被氧化成稳定的氧化物，是制造陶粒、瓷砖等产品的优良原材料，可以进行综合利用。但是焚烧使得污泥中大量的营养物质丧失。此外焚烧炉的投资巨大，据报道建设一座日处理 100t 的垃圾焚烧炉，即使全部采用国内设备材料，一般仍需要 3500~5000 万元。并且污泥灰的处置目前还没有更好的解决方法。此外，如果燃烧装置有问题或燃烧不完全，焚烧法仍然会引起二次公害，例如，可能产生废气（剧毒物质二恶英 Dioxin）、噪声、振动、热和辐射等。

4) 土地利用

将污泥作肥料施用于农田、林业、绿地等实现污泥资源化是正当的、彻底的最终处置方法。如前述，自然界中存在氮、磷、钾的循环，一般是从生产者→消费者→分解者→生产者这样的往复循环。污泥中含有大量的有机物质和氮、磷、钾等营养物质，表 3-2 是国内若干城市的肥料成分。

国内若干城市污泥的肥料成分　　　　　　表 3-2

污泥来源	总氮	总磷	总钾	有机物（%）
上海市东区	3%～6%	1%～3%	0.1%～0.3%	65
天津纪庄子（消化污泥）	2%～5%	2.0%	0.3%～0.5%	50～60
天津开发区	2.2%	0.13%	1.78%	37～38
桂林市	48.3g/kg	21.1 g/kg	8.5 g/kg	39.6
广州大坦沙	28 g/kg	22 g/kg	1.2 g/kg	39.8
厩肥	0.4%～0.8%	0.2%～0.3%	0.5%～0.9%	15～20

利用污泥作肥料，可以充分利用其中的营养物质，维持氮、磷、钾的天然平衡，达到增产、生产绿色食品的效果。这与创建生态农业、生态林业和清洁生产的思想是一致的。国内外许多城市进行了污泥土地利用的探索研究，取得了良好的效果。部分国家的污泥农业利用量所占比例如图 3-10 所示。

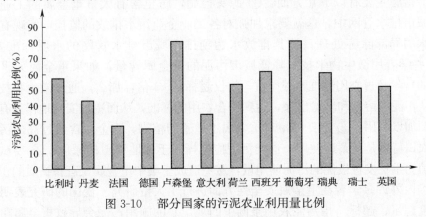

图 3-10　部分国家的污泥农业利用量比例

国内许多田间试验结果表明，施用一定量城市生活污泥对土壤有机质、土壤腐殖化程度、土壤结构性等均有明显的提高和改善，合理施用符合控制标准的污泥有利于提高土壤肥力水平。

将经过处理的污泥辅以其他物料制成有机复合肥，对水稻进行肥效试验和重金属含量检测，结果表明，污泥复合肥有较高的增产效果，作物中重金属含量无显著差异。污泥有机肥施用后水稻增产 13%～19%，肥效略优于或等同于市场上出售的复合肥；施用于甘蔗后，产量比施用市场上出售的复合肥高 22%，比施用尿素、钙镁磷肥和氯化钾混合肥高 29%。

可见污泥、有机垃圾是优良的有机肥源，如果制成肥料回归农田就减少了化肥用量，是减少农田径流营养物负荷的重要手段。既可恢复和维持土地营养物质的自然循环平衡，保持和提高土壤肥力，改善土壤结构，又可减少对水环境的二次污染，这是污泥、有机垃圾的正当出路，也是建立城市水系统健康循环的重要方面。

(3) 污泥土地利用的问题和防治措施

尽管城市污水的污泥处置方法有多种，但对我国这样一个中低产量的农业大国而言，将其用于农田、林地无疑是最好的选择。然而，在实际应用中，经常受到许多因素的制约，其中重金属是限制污泥土地利用的主要因素之一。

污泥中含有一定量的 Cd、Pb、Ni、As、Hg 等重金属离子，这些重金属离子的量决定于城市污水中工业废水所占比例与工业性质。一般情况下，污水经过二级处理之后，污水中重金属离子约有 50% 以上转移到污泥中。由于重金属离子超过一定的浓度会在土壤、植物中积累，引起土壤重金属含量增加，直接危害植物生长或成为潜在的威胁。土壤中累积过多的重金属，重金属进入食物链或地下水，还能造成新的环境问题。因此应该严格控制作为农田肥料的污泥中的重金属离子的量。

对于重金属可能带来的危害，通过一定的措施是完全可以做到安全控制的。其防治措施主要有以下几方面：① 源头控制，防止含有大量重金属的工业废水进入城市排水管网中，这就要求加强对各工业企业污水排放的监控，实现有害工业废水的局部除害处理，使其排放水达到排入城市排水管网的水质标准要求；② 一些学者用微生物学技术降低城市污泥的重金属含量，如果重金属元素在污泥中的含量超过农用标准不很严重，如仅超标 2～3 倍，那么，通过微生物技术将它们从污泥中溶解和淋滤出来，达到符合农用的标准，从而更加安全地作为有机肥料资源加以利用；③ 选择种植对重金属不敏感的植物，重金属含量过高的污泥应禁止农田特别是蔬菜地使用，这类污泥应选择用于林地和园林绿化；④ 要试验选择对植物生长发育最优的污泥使用量，避免造成土壤中重金属及有害物质的积累。

国内外许多学者在重金属安全性方面进行了大量研究。德国的研究表明，除了过度超量、超标（指污泥农用条例中的规定）的施用污泥会导致重金属在土壤中高出平均值的积累外，在其他情况下重金属的积累量在规定范围之内。根据其计算即使是在最不利的情况下（对于 Zn）也需要大约 165 年才能达到土壤负荷的限定值。即使是在这种情况下，土壤也并未被毒化，只是不容许再在这块土地上使用这种超标的污泥肥料而已。我国有学者对施用污泥有机复合肥的稻谷进行的测试表明，其中的重金属含量与施用其他肥料的稻谷无明显差别。

因此，只要严格控制各工业企业的排放水中的重金属含量，加上科学合理地施用，污泥土地利用是安全、生态化的处置方式。如前述，在很多发达国家将污泥作为肥料的成功应用，也证明了污泥土地利用的安全性。

其次，有的工业企业废水中还含有微量人工合成有机物，难以生物降解，对生态与人体健康有长远影响，这些有毒有害污染物有一半会转入污泥之中，是污泥农田利用的又一障碍。解决的根本办法还是源头治理，提倡循环经济，清洁生产。对排放的有毒有害污染物严格的施行就地无害化处理，无害无毒的工业废水方可入管网。

4. 雨水水文循环途径的修复

从地球系统的水循环与水量平衡来看，天然降水是维持整个陆地生态系统的基础，是地表、地下径流的来源。

传统的城市规划及建筑设计习惯于将雨水当作"洪水猛兽"，都是以"将地面降雨尽快排入城市雨水管网，尽快入海入河"为首要原则，贯彻的是使雨水尽快远离城市这一传统的防水思路。这就忽略了雨水蓄存、调节涵养地下水、补充地表枯水流量的水文循环规律。随着城市化进程的不断深入，市区原有的自然环境如森林、农田、牧场等被建筑物、构筑物及硬化地面取代，原有疏松透气的地表被混凝土、沥青、砖石等坚硬密实的不透水材料所取代。在现代城市中，除了散布于市区的公园绿地及天然水体以外，整个市区几乎被一张不透水的大网所笼罩，它阻隔了雨水向市区下部土壤的渗透，截断了地下水径流，严重影响了城区雨水的水文循环。造成雨季市区水灾，枯水期小河干涸的局面。

我国绝大多数城市是以地下水资源和天然降水资源作为城市水资源供应的主渠道，而地下水资源主要借助包括雨水在内的天然降水加以补充。目前城市地下水的过量开采造成区域地下水降落漏斗，越靠近市区中心漏斗越深。因此，充分利用天然降水特别是雨水是有效补充城市地下水及解决城市水资源短缺的重要途径。所以雨水水文循环的修复是建立健康循环的重要方面。

(1) 雨水水文循环途径修复措施

雨水水文循环途径的修复主要是通过雨水渗透和贮存来完成的。屋面、庭院、道路上的降雨经收集系统进入渗水设施——渗透井和渗水沟可将雨水渗入地下。设施的渗透能力是以"m^3/h"或"L/min"来表示的。如果除以集水区域的面积（比如屋顶面积或庭院面积）就称为渗透强度，与降雨强度单位相同（mm/min）。雨水渗透设施设计时，常应用雨水渗透率的概念。即渗入土壤中的雨水占总雨量的比例。

雨水贮存设施主要有市区水面的雨水径流调节，在庭院中和建筑物地下修建的贮水池来贮留雨水，达到抑制暴雨径流和雨水利用之目的。目前雨水贮留利用在世界上已经越来越受到重视。

(2) 国内外发展状况

1) 国外发展状况

20 世纪 50~60 年代，发达国家如日本、德国、以色列、澳大利亚和美国等都开始积极渗透贮存利用雨水，以减轻水灾。

日本在 20 世纪 70 年代经历了几次大水害之后，于 80 年代初期推行"雨水渗透计划",采取了"雨水的地下还原对策",先后开发应用了透水性沥青混凝土铺装和透水性水泥混凝土铺装。日本透水性铺装主要应用于公园广场、停车场、运动场及城市道路。1992 年日本政府颁布了"第二代城市下水道总体规划",正式将雨水渗沟、渗塘及透水地面作为城市总体规划的组成部分,要求新建和改建的大型公共建筑群必须设置雨水就地下渗设施。1996 年初,仅东京都就铺设透水性铺装 $49.5 \times 10^4 m^2$。据统计,东京透水性铺装使市区的雨水流出率由 51.8% 降低到 5.4%。

德国针对城市不透水地面对地下水资源的负面影响,提出了一项要把城市 80% 的地面改为透水地面的计划。德国城市铺设透水地面的区域包括:人行道、步行街、自行车道、郊区道路和郊游步行路、露天停车场、房舍周边庭院和街巷地面、特殊车道及公共广场等。德国明文规定:新建小区(无论是工业、商业、居住区)之前均要设计雨洪利用项目,若无雨洪利用措施,政府将征收雨洪排水设施费和雨洪排放费。

美国的许多城市建立了屋顶蓄水和由入渗池、井、草地、透水地面组成的地表回灌系统。如,加州富雷斯诺市修建的地下回灌系统年回灌量占该市年用水量的 20%。美国制定了相应的法律法规对雨水利用给以支持,其规定:新开发区的暴雨洪水洪峰流量不能超过开发前的水平,所有新开发区(不包括独户住家)必须实行强制的就地滞洪蓄水措施。

2)国内发展状况

在我国,城市雨水渗透、收集利用长期以来没有得到应有的重视。直到 20 世纪末,除个别地区建设了一些小型、局部的雨水利用工程外,基本没有实施城区雨水渗透、收集利用。现在我国部分大型建筑物,如上海浦东国际机场航站已经建有较为完善的雨水收集系统,但是尚没有处理和回用系统。近年来,不少专家学者开展城市雨水的利用研究,也逐步由单纯利用雨水资源转向资源利用与环境建设相结合的综合化发展方向。但从总体上看,我国在这个领域的实践还刚刚起步。

(3) 雨水渗透利用效果

雨水渗透利用对于维持城市水资源供需平衡,增加当地溪流枯水量和地下水补给水量,保护城市水环境具有重要意义。我国在这个领域的实践还刚刚起步,尚缺乏系统研究,以下以日本相关研究资料为例进行分析。

日本昭岛市内一个占地 27.8ha 的住宅区,分成面积相当的两个区域。一个区域内集中建设了雨水渗透井 40 座,渗透管渠 637m,渗水铺砌 $2405m^2$,另一个区域只修建了常规雨水道。该区对 1990 年 8 月 9 日和 9 月 30 日的两场降雨进行了观测。观测结果如图 3-11、图 3-12 所示。

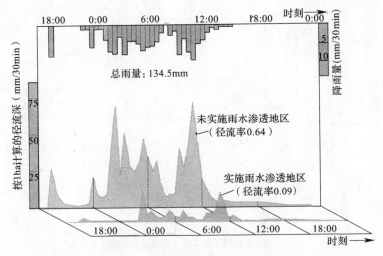

图 3-11 1990 年 8 月 9 日本关东地区降雨径流逐时变化图示

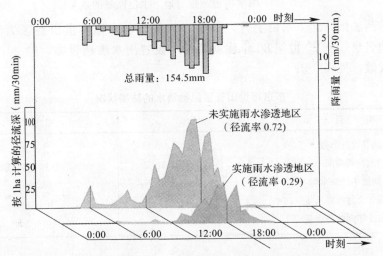

图 3-12 1990 年 9 月 30 日日本关东地区降雨径流逐时变化图示

从图 3-11 和图 3-12 中可以看出 8 月 9 日的降雨属于时大时小的雨型，总雨量 134.5mm。由于人工渗透设施的设置，径流系数由 0.64 降至 0.09；9 月 30 日降雨属于后期大强度型，总雨量 154.5mm。径流系数由 0.72 降至 0.29。可见，雨水渗透设施起到了很好地削减洪峰流量和径流总量的作用。

雨水循环途径的修复对地下水涵养及中小河川的枯水季节流量的恢复也有显著作用。日本关东地区有几个中小河川流域，有 50% 的建筑住宅中设置了屋面集水和渗透井系统。设计渗透强度为 5mm/min，结果这些流域地下水位都有所上升，如图 3-13 所示，平均上升 1～2m。

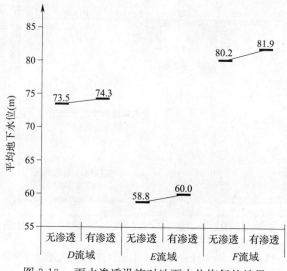

图 3-13　雨水渗透设施对地下水位恢复的效果

据达西法则，地下水位上升，就会增加泉水涌水量。世田谷区为涵养地下水，保护名泉，从 20 世纪 80 年代就开始了设置雨水渗透设施，经 20 年的努力已初见成效，见表 3-3。

东京都世田谷区见池涌水的枯竭状况　　表 3-3

项　目	1988 年	1995 年
渗透井设置个数	20 座	901 座
涌水枯竭期间	1988.1.31 始持续 52 天	1955.2.10 始持续 34 天
枯竭期间中的降水量	194.5mm	93.0mm
枯竭前 3 个月的降水量	139.0mm	104.0mm
枯竭前 1 年间的降水量	1168.0mm	1118.5mm

尽管 1995 年泉水枯竭期间和其前 3 个月、前 1 年的降雨量都少于 1988 年，但泉水枯竭天数却由 52 天缩短至 34 天。地下水位的提高、泉水枯期缩短、涌水量增加，补充了中小河川的枯水流量。图 3-14 是在 50% 的住宅建设了渗水井，设计渗透强度 5mm/min 的条件下，河川枯水量变化情况。G 流域是一个小河川，没有过大的污水处理水排入，由于人工渗透设施的建设，枯水量由原来的 $0.12m^3/s$ 增加到 $0.29m^3/s$。H 流域有大量的污水处理水入流，占据枯水流量大多数。枯水流量也由 $15.7m^3/s$ 增加到 $19.0m^3/s$。

石神井川、神田川流域的城市化程度已超过 50%，由于设置了雨水渗透设施。如图 3-15 所示河流的枯水量一直较为稳定。与其相反空堀川等流域没有雨水渗透设施，枯水流量则逐年下降（图 3-16）。野川流域雨水渗井的座数由 1990

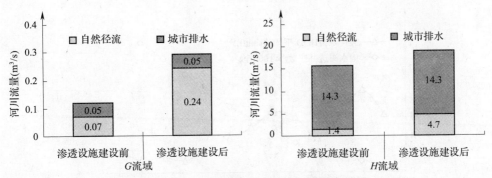

图 3-14　雨水渗透设施对丰富河川流量的效果

年的 1500 座增加到 2000 年的 14500 座。不但带来了枯水流量的增加，而且平均 BOD_5 值也在逐年下降（图 3-17）。尤其是 1994 年到 1998 年 4 年间天神森桥断面 BOD_5 值由 6.5mg/L 直线下降到 1.8mg/L。

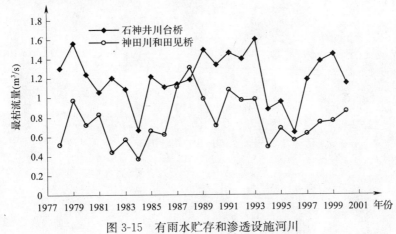

图 3-15　有雨水贮存和渗透设施河川

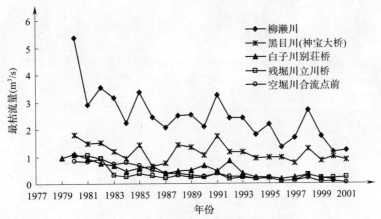

图 3-16　无雨水贮存和渗透设施河川

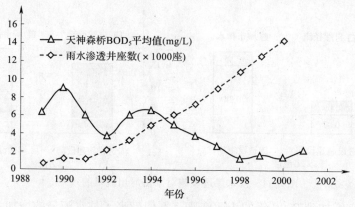

图 3-17　野川水质测定结果

第4章 水资源利用模式的变革

纵观人类历史长河，人类社会往往都是在滨水地区繁荣昌盛，发展壮大。在人类历史的绝大部分时间里，河流、湖泊是全人类发展的基础与前提。在古代文明中，对水的认识和利用主要处于受自然支配的状态，人们总是主动逐水而居，寻找可以方便使用的淡水资源，同时又可以较易避开洪涝灾害。并逐渐发展成为人口聚集、各类活动集中的聚居地，演化成为不同规模的城镇。

城镇的产生和发展，除了人类活动的主导作用外，与当地的自然地理条件紧密相连。水资源条件作为重要自然因素在城市出现的早期就得到重视，这在很大程度上决定和影响着城市的布局、生存和发展。早在春秋战国时期，我国著名思想家管子就曾在《管子·乘马》中写道："凡立国都，非于大山之下，必于广川之上。高毋近旱，而水足用；下毋近水，而沟防省。因天材，就地利，故城郭不必中规矩，道路不必中准绳。"就是说城址的选择要利于供水和防洪，城池不必拘泥方正，道路不必拘泥笔直。他在《管子·度地》又提到："故圣人之处国者，必于不倾之地，而择地形之肥饶者，乡山左右，经水若泽，内为落渠之泄，因大川而注焉。"提出城池应该选择土地肥沃、水源丰沛的地方，以便于取水和排水。这种思想对我国城市的发展有着深刻的影响。例如，我国著名古城西安，其在不同历史时期的建城位置几乎总是在地势开阔，依山傍水之处，如图4-1所示。

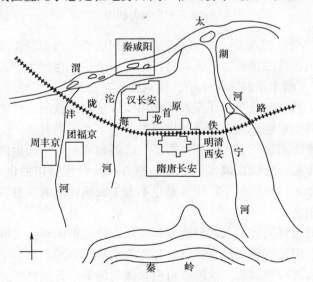

图4-1 各时期西安及附近都城城址位置图

4.1 传统用水模式

古代城镇、村落最初利用的水源是当地就近清澈的湖水、河水、泉水、浅井水等。井水作为一种重要的水源,在古代文明中维持用水需求占据重要地位,这已经在考古学上得到证明。在美索不达米亚,他们对于井水是相当珍惜的。在新巴比伦法律中,规定了不精心使用井水进行灌溉将要受到惩罚。这种珍惜甚至到了不惜为之付诸战争的地步。在闪族人(Sumerian)的传说中,吉尔伽美什(传说中的苏美尔国王)就曾集结他的子民,为保护他们的水井而战。在亚述(西南亚洲底格里斯河流域的古国),存在很多的水井。其中一座位于尼姆罗德(亚述的一座古城,在今伊拉克境内摩苏尔的南部)的古井,在1952年其产水量还能达到5000加仑/d。

由于人口稀少,这时候的水源既洁净又丰富,通常情况下人们并不需要担心水的供给问题。这时的取水供水如图4-2所示。

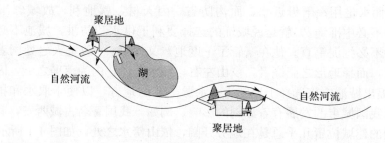

图4-2 人类初期就近利用水资源

随着人口的增长和人类活动强度的加大,聚居地范围不断扩展,部分用户与水源之间的距离也就越来越远。人类科技的发展进步,也产生了人工运河(人工输水渠道),许多输水渠的建设水平、稳固程度都达到了一个很高的境界。著名古罗马输水渠,其中部分至今还在发挥作用。后来,科技的进步使我们能利用深层地下水作为供水水源。人工运河的出现以及地下水源的开采,使得水源的供给扩展到了比原来距离远得多、面积大得多的广阔地域上,从而也使得城市的规模不断扩大,城市可以建设在离水源更远的地方。这时候城市的供水系统如图4-3所示。此时由于人口规模较小,用水量也不至于影响河流的生态基流,河流污染情况也不算严重。

虽然不少城市将河流引入运河改变其流向,使城市能够方便取用,并兼有航运、排水之便。但是这种供水方式已经存在着水质污染的隐患。手工业、商业和人们生活排水和废弃物对人工运河、自然水体的污染已开始显现。

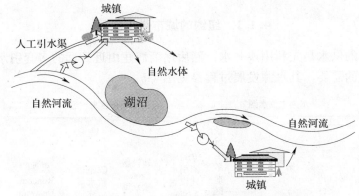

图 4-3　早期人工引水渠供水使城镇发展空间扩大

进入 20 世纪中后期以来，城市人口迅猛增长，全球城市化的进程越来越快，城市需水也日渐增加。水污染状况有增无减，给城市水源带来了更大的供给压力。许多城市周边适于取水的河流已经基本开发殆尽，河流开发利用程度不断提高，为了满足供水，人类不断地从周边、越来越远的地方获取水资源，修建了越来越远的长距离、跨流域供水工程。很多引水工程发展成为跨越几个流域甚至是一个国家的巨型工程。例如深圳市东部供水水源工程，东起惠阳市东江泵站，西到深圳市宝安区的五指耙水库，全长 160km，由东部引水工程、网络干线工程、宝安分部工程及位于市中心的调度中心组成，初期引水规模 $15m^3/s$，最终可达 $30m^3/s$，工程中共有 5 座泵站，连接了 6 个水库；再如以色列的北水南调工程，贯穿整个以色列。这些远距离供水工程普遍耗资巨大、运行费用高。

总的来看，城镇发展取水用水一直沿用这样一种线性思维：先从近处取水，不足时从上游或周围地区调水，用后水排放、废弃；水资源仍不足时，考虑从更远一些地方去调水。这种思维方式的流行，促使很多地方建设的引水工程规模越来越大、距离越来越远。这时候的取水情况如图 4-4 所示。

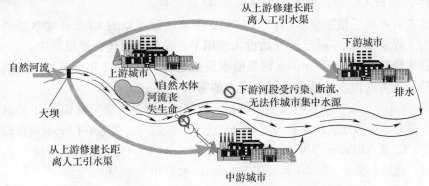

图 4-4　现代的城市取水不断修建越来越远的引水工程

4.1.1 纽约的城市供水发展

纽约市的供水是先利用浅井水，然后逐渐修建由近到远的多套引水系统来满足城市发展的需要，其水源发展过程参见图 4-5。

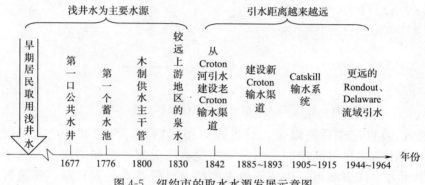

图 4-5　纽约市的取水水源发展示意图

早期的曼哈顿岛移民者从自家的浅井里取水作为生活用水来源。1677 年，挖掘了第一口公共水井，仍旧采用地下水为水源。到 1776 年，纽约人口约达 2.2×10^4 人，为满足供水需求，建设了第一个蓄水池。水从井中抽出后，进入蓄水池，再从蓄水池中给各主要街道供水。1800 年，由于供水量逐渐不足，增加了水井和蓄水池，并建设了一些木制供水主干管，以供给更多的水量。1830 年，为满足防火需要，建立了第一个消防水池，由井水供应消防用水。

随着纽约市人口的不断增长，井水变得越来越不足以应对需水量的增长，同时井水也逐渐被污染。随后采取一些增加供水的措施，如从曼哈顿上游地区的一些泉水中取水，通过水塔供应给居民，但是城市用水仍旧不能得到满足。

19 世纪 40 年代，纽约市开始从 Croton 河筑坝蓄水，并修建了一条输水渠道从老 Croton 水库将水送到城市中。这条渠道就是现在的老 Croton 输水渠道，1842 年开始投入运行，输水量为每天 9000 万加仑。

这之后，为了增加供水，1885～1893 年又修建了新的 Croton 输水渠道。这个输水工程于 1890 年就已经开始投入使用了，虽然此时还在建设当中。

自从修建了新、旧 Croton 两条输水渠道之后，自 1842 年至美国内战期间一直保持了正常的供水，满足了城市用水的需求。

到 1905 年，城市供水再次变得紧张，城市供水委员会决定将 Catskill 地区作为新的水源地。在该地区的水资源开发分成先后两次进行。先是在 Esopus 河建设了蓄水工程，以及 Ashokan 水库和 Catskill 输水渠，被称作 Catskill 输水系统，于 1915 年建成。此后，又于 1928 年建设了 Schoharie 水库和 Shandaken 运河。

1927 年，纽约市又开始筹划从距离更远一些的 Rondout 流域和在特拉华河

(Delaware River)上游地区取水。特拉华河供水系统于1937年3月开始建设，在后续几十年间陆续投入使用。特拉华引水渠于1944年建成，1950年建成Rondout水库，1954建成Neversink水库，1955年建成Pepacton水库，1964年建成Cannonsville水库。这个供水系统的水源储存在上游三个水库系统中，包括19个水库和3个人工湖，总的蓄水量约为5800亿加仑。这三个集水系统相互连通，水可以从一个水库调入另一个水库，在一定程度上增加了供水灵活性。纽约市的取水水源发展和现代引水工程如图4-5和图4-6所示。

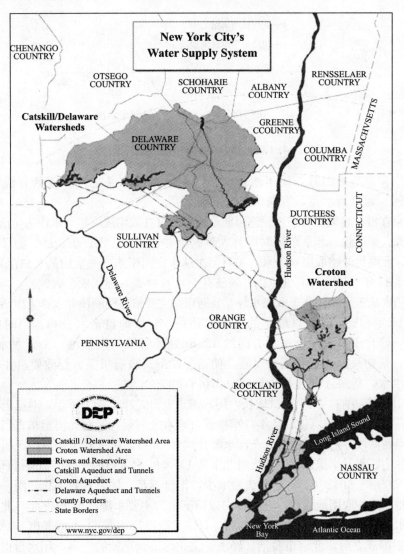

图4-6　纽约市引水工程示意图

此后，纽约市的用水需求基本得到满足，这主要得益于纽约市在用水方面的控制和管理，使得20世纪70年代后，用水不仅没有出现大的增长，反而出现了零增长和负增长。纽约市1979～2003年的用水情况如图4-7所示。

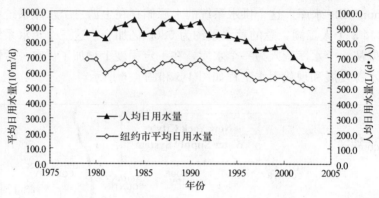

图4-7 纽约市1979～2003年的用水情况

4.1.2 北京的城市供水发展

北京背靠燕山山脉，位于永定河与潮白河两大水系之间。市区有温榆河水系、长河、通惠河水系、莲花河、凉水河水系。

北京在没有建城市自来水设施以前，很早就打井取用浅层地下水作为生活用水的重要来源。据记载，北京东周时即有大量的土井、瓦井，汉、唐、辽、金又建有砖井。金、元两代开始取用地表水，先后三次从永定河引水，一次由昌平白浮泉引水。至清光绪11年（1885年）北京内外城已有土井1245眼，但水质多数咸苦。当时除皇宫内苑用水从玉泉山用水车取泉水外，普通市民主要依靠简陋浅井水作为生活水源。

1910年，成立了北京最早的自来水公司——京师自来水公司。当时的自来水水源，取自于东直门外东北方向约15km处孙河镇的温榆河。由于供水量低，成本高，最初只向宫廷和王公贵族、使馆、洋行、政府机关、行政要员住宅和富有人家供水，后来才逐步扩大到部分市区百姓。

到1930年左右，由于人口增长，用水需求上升，净水能力不足，对已有水厂进行了设备改造和挖潜。到1937年日军接管自来水公司后，又在孙河至东直门水厂的输水管道西南段，沿管道凿井，全部水源井共计28口。供水对象仍只限于机关单位和少数住宅，普及率很低。虽然当时北京是$100×10^4$多人口的大城市，但每日供水量仅为$3×10^4m^3$。1942年，孙河径流量减少，水量不足，加之水质恶化，雨季泥沙甚多，不得不停止取用地表水，开始转向以地下水为主要水源。至1949年，北京市仅有一座水厂（孙河水厂），水源井29口，日供水能力$5×10^4m^3$，管线长度364km。

新中国成立后，北京市政治、经济、文化均得到迅速的发展，用水量也随着工农业发展和人口的增加而快速增长。到1955年全市每日供水量为$19.87×10^4m^3$

(市区 18.93×10⁴m³)。

在第一个五年计划时期内，开始在城市西南方寻觅新水源。在市西南郊莲花池、马连道一带凿井 12 口，建立水源四厂，供水能力为每日 $10\times10^4\text{m}^3$。

为了满足用水量不断增长的需要，第四水厂投产后，又在市区西偏北设计了水源三厂，设计供水能力为每日 $16.4\times10^4\text{m}^3$，共有水源井 12 口，在 1958 年建成投产。后来对第三水厂又进行凿井扩建，将水源井增加到 52 口，能力扩大到每日 $50\times10^4\text{m}^3$。

到 20 世纪 70 年代，水源选择开始跳出永定河冲积扇的范围，进入潮白河冲积扇的密、怀、顺地段。共开凿 37 口井，有效供水能力为每日 $42.9\times10^4\text{m}^3$。输水管 DN2000 长 40km，工程自 1974 年开工直到 1982 年才竣工供水，建设成了第八水厂，投产后又经挖潜改造能力达到每日 $50\times10^4\text{m}^3$。

第八水厂投产以后，虽然北京市供水能力增加较大，但是到 20 世纪 90 年代供水又现不足，而且市区地下水连年超采情况进一步严重。密云、怀柔、顺义地区地下水经第八水厂开采后已基本没有开发潜力。而官厅水库已受到较严重的污染，再加以上游修建较多的中小型水库的截流和库区多年的淤积，年供水量也在逐年减少。只有密云水库有 $43\times10^8\text{m}^3$ 库容，上游基本没有工业，水源基本未受到污染，水质保持在 Ⅰ~Ⅱ 类之间，适合作为生活用水水源。但密云水库距市区远达 80km，沿河还有一定的污染源，且冬季输水困难。

1985 年开始筹建第九水厂，以密云水库为水源，自怀柔水库取水，在清河以南花虎沟建净配水厂。京密引水渠长约 100km，总体规模为每日 $100\times10^4\text{m}^3$，一期建设每日 $50\times10^4\text{m}^3$。1988 年 7 月 1 日通水。

20 世纪 90 年代即开始着手九厂二期工程，为了供水安全改为自密云水库的潮河部分取水，于 1995 年投产。水源九厂一、二期投产后，基本满足了当时用水量继续增长的需要。1999 年 7 月，九厂东侧继续扩建，规模仍为每日 $50\times10^4\text{m}^3$，为九厂三期工程。

现在，北京市供水仍面临严峻威胁，市政部门已经进一步将寻找水源的目标扩展至周边省市地区，筹划从河北石家庄、山西等省市建设引水工程。而正在实施的南水北调工程，从加坝扩容后的丹江口水库陶岔渠首闸引水，经湖北、河南、河北等省，共计约 1200km，才将水输送至北京。

北京市城市供水水源发展过程参见图 4-8。

图 4-8　北京市城市供水水源发展过程示意图

4.2 传统用水模式的反思

直到现在，世界上许多城市的取水策略仍是基于夺取它乡水资源、远距离取水的思想。动辄几十公里、上百公里乃至数百公里的引水工程早已是司空见惯之事。然而，这种用水策略越来越依赖于城市内陆腹地河流上游地区水源的可用性。这种可用性面临着越来越大的挑战。尤其是在各地用水量普遍增长的今天，河流上游地区的用水量增加也将在所难免，下游地区可利用水资源量将不断下降，从而给这种传统的城市取水模式的前景蒙上了一层阴影。在进入21世纪的今天，面临的严峻水危机迫使我们必须对这种取水策略进行反思，以更好地利用地球上有限的宝贵淡水资源。

1. 日益增长的巨额费用，造成越来越重的财政负担

修建远距离引水工程从来就意味着是一笔巨额的投资，因此，采用远距离调水的供水方式会引起供水成本的剧增。一方面，建立新的水库会淹没大量的土地、房屋和森林，随时间的推移，支付给受淹地区居民的补偿费用越来越高，从而相应的引起水坝建设成本和供水成本的上升。另一方面，引水工程的日常运行、管理和维护费用通常也是一笔相当可观的开支，受水地区需要支付较高的水资源费，相应的增加了城市供水成本。据估算，由长江调水到北京，每立方米水的成本达8元；由黄河万家寨调水到太原市，每立方米水成本达5元。

由于供水成本上升，而自来水一直是作为社会公共福利事业来运营的，因此大部分依靠远距离引水工程供水的自来水售价都会低于其实际的制水费用。为了维持城市供水的正常运转，政府财政不得不为之提供相应的差额补贴。例如，天津市于20世纪80年代实施的引滦入津工程，每立方米成本达2.3元左右，而天津市的自来水价格为 1.4 元$/m^3$，不足部分 0.9 元$/m^3$ 只能依靠政府财政补贴，从而造成调水越多，财政负担就越重的状况。

再如万家寨引黄入晋一期工程。1993年，总投资达 103×10^8 元的山西省万家寨"引黄"入晋一期工程正式开始实施。所引黄河水经五级泵站提升，扬程630m，才能到达汾河水库，因此万家寨引黄一期工程把黄河水从晋蒙两省区交界的万家寨水库引到太原呼延水厂时，2003年引水单位成本高达 6.98 元$/m^3$；再经水厂和管网到达最终用户，单位成本为 9.5 元$/m^3$，远高于2003年太原市城市自来水 2.5 元$/m^3$ 的综合水价。

目前，引来的黄河水虽然直接成本超过 5 元$/m^3$，却以 2.28 元$/m^3$ 的价格卖给山西省黄河供水公司，黄河供水公司呼延水厂把买来的引黄水处理加压后，直接成本超过 4 元$/m^3$，却以 2.5 元$/m^3$ 的价格卖给太原市自来水公司，太原市自

来水公司再以 2.5 元/m^3 的价格卖给最终用户。结果是，引黄工程管理局每引 1m^3 黄河水，就需要补贴大约 3 元；黄河供水公司每处理 1m^3 黄河水，要补贴 1.6～1.7 元；太原市自来水公司把水卖给最终用户，由于水损和供水成本，每销售 1m^3 的黄河水，也要补贴 1.5 元左右。

为了维持万家寨引黄一期工程的正常运转，山西省每年从全省销售的电力和煤炭征收的 10×10^8 元"水资源补偿费"中设置专项资金补贴引黄工程。到 2005 年，这项专项建设资金已经为此补贴约 70×10^8 元。

引水工程除了巨额的投资之外，还要占用大量土地，且存在被引水地区的生态环境破坏等问题。但是引水工程所引起的生态环境问题以及由此产生的成本，由于难以定量计算，通常只是简单加以论述，并没有真正计入项目的投资成本之中。因此，在实际的成本计算中，目前很多跨流域调水工程没有把工程投资费用以及被引水地区的间接经济损失计算在内，仅以日常运行费用、管理费计算其成本，这与引水的真正成本相去甚远。

而且，随着引水工程建设的增加，很多河流已经基本没有了筑坝蓄水的条件，使得开发新的水源和修建引水工程的难度越来越大。未来建设远距离引水工程的造价将会越来越高。城市供水成本的上升反过来又增加了城市居民的水费支出，虽然现在由政府实施补贴政策，但是，归根到底，政府财政收入仍旧是所有纳税人的钱，也就是说，尽管补贴这种支付的形式不同于自来水收费，但实际上这部分差额补贴仍旧是城市居民来分担的。对于城市中的低收入阶层，对这种水价提高的承受力较低，在实际运行管理中，如何制定合理的水价政策或补贴政策，使得这些阶层可以负担得起基本的用水需求，也是一个不小的挑战。

同时，我国是最大的发展中国家，社会经济能力还不高，财政实力毕竟有限，在有限的资金情况下，越来越高的引水投资和运行费用，使得新增单位供水量的边际成本不断上升，必然会降低城市开发水源总量的能力，对城市满足未来供水需求也埋下了潜在的隐患。

2. 水量不足与水质安全

城市取水距离越远，跨越的流域数量越多，受到的风险和威胁就越大。首先是水量的减少问题。随着各地用水的增长，引水工程的水量能否保证是值得重视的问题。退一步说，即使水资源外调区的经济发展用水不至于影响调出水资源的数量，但是在干旱年份这种威胁还是相当大的。在汛期或丰水年这个问题可能还不明显，但是如果碰上都是枯水年或干旱季节，这种引水的水量保证就会受到极大的威胁，难以保证城市供水。

例如大连市的引碧入连工程，通过长 68km 的输水暗渠将水从碧流河水库引至大沙河水厂。修建的引水设施规模可达 $120\times10^4 m^3/d$。这套系统在平丰水年为大连市城市供水发挥了重要的作用。但是 1999～2001 年，大连市连续发生严重干旱。截至 2001 年仲夏，大连大部分河流断流，城市供水告急，引水工程的水源地碧流河水库由于连续几年来水不足，已失去调节能力，可供水量仅有 $1250 \times 10^4 \text{m}^3$。引碧入连供水工程输水能力虽有保证，但却无用武之地。

其次是水质的污染问题。长距离的输水工程，一般很难采取全线铺设管道的方式。为了降低造价，通常会尽量利用已有的河道和渠道作为输水渠。但是这样一来，沿途经过的村庄、农田等排水造成的污染也是令人头疼的问题。例如为解决香港、深圳特区的用水紧张而建设的东深供水工程，全长 83km，经东江左岸的东莞桥头镇取水，经过多级泵站提升 46m，穿越石马河进入东深渠道，然后注入深圳水库，再通过涵管进入香港的供水系统。引水水源东江是广东水质保护最好的地区之一，东深供水工程吸水口处都基本保持在Ⅰ～Ⅱ类水质标准。但是由于经沿途工业区、农田径流、乡镇的污染，到达深圳水库时，水质已超Ⅴ类标准。为此，东深供水工程不得不于 2000 年 8 月开始动工建设改造工程，投资 49×10^8 元，将原来 51.7km 的天然输水河道，采用隧洞、涵管、渡槽等多种方式，建设成为全封闭式专用输水管道，以避免取自东江的源水受沿线污染，保证引水工程末端的水质。

3. 河流生命的丧失，景观和地貌的改变

河流是地球上物质和能量交换的重要载体，地表径流有补给两岸地下水和湖泊池沼、塑造河床和地表景观、输送泥沙等作用，是维持河流、湖泊等水生生态系统功能不可缺少的因素。河流冲积平原的形成就得益于河流上游向下游输送泥沙的沉积，而中下游河道也因每年汛期的洪水冲刷，避免泥沙过度沉积，才能保持一定的河道断面。

引水工程对工程所在地的上、下游会产生一定的影响，引起下游水量下降、流速变缓，进而影响河口地区。河口三角洲是河流与海洋潮流共同作用所形成的生产力丰富的生态系统富集地。由于河流径流量的下降，势必使得原来河口水量平衡的关系发生变化，从而导致地表景观和地貌发生变化，引起咸水入侵、河口萎缩的现象。

美国科罗拉多河贯穿墨西哥和美国，由于 20 世纪 20 年代美国政府在制定分水方案时没有考虑维持河流生命所必需的基本水量，导致 1997 年科罗拉多河断流，从而引发了河道萎缩、水质恶化以及河口湿地锐减、一些野生生物失去栖息地等一系列生态危机。迄今人类文明最古老的摇篮尼罗河，近年来也频频断流。受断流影响，河口三角洲大幅度蚀退。

国外很多引水工程最终没有实施的原因，也是考虑到了这种跨流域引水工程对河流生命、当地生态环境的极大改变等诸多后果给人类带来灾难。20 世纪 80

年代以前，前苏联制定了一个宏大的跨流域调水方案，把前苏联北冰洋盆地主要河流的水调到乌克兰和中亚共和国，计划历时 50 年，每年调水 $600\times10^8\,\mathrm{m}^3$，开发 $230\times10^4\,\mathrm{hm}^2$ 的灌溉地，并减缓里海与阿拉尔海水位的下降幅度。前苏联最高苏维埃于 1982 年批准了实施计划，然而，戈尔巴乔夫政府 1986 年决定停止这项计划，他们认为从环境与生态方面考虑，这项工程将对迁移性鱼类产生重大影响。同时，进入北冰洋的淡水量的大幅度下降将减少海冰，从而对气候与海洋生态系统产生深远影响。

近几十年来，我国各大流域人类活动对流域的生态环境的影响正在日益强烈地显现出来。长江流域由于流域内用水量的大幅度增长与不断增加的跨流域调水导致长江流量大幅下降，长江河口处水量平衡产生巨大变化，近 20 年长江口咸水入侵的频率与强度比以前显著上升。

而我国母亲河黄河的状况更加严峻。有关资料显示，自 20 世纪 70 年代以来，黄河入海年径流量逐渐变小。20 世纪 60 年代为 $575\times10^8\,\mathrm{m}^3$，70 年代为 $313\times10^8\,\mathrm{m}^3$，80 年代为 $284\times10^8\,\mathrm{m}^3$，90 年代中期为 $187\times10^8\,\mathrm{m}^3$。在短短的几十年里，黄河入海径流总量锐减了一多半。与此同时，黄河下游多次断流，特别是进入 20 世纪 90 年代之后，断流现象更为严重。黄河断流情况如图 4-9 所示。

图 4-9　黄河断流情况（1972～1999 年）

黄河断流与中上游耗用水量逐年增加、下泄流量逐年减少有一定关系，但主要原因还在于黄河下游引黄灌溉用水量剧增，两岸的引水规模过大，引水量超过黄河的负载能力。与 20 世纪 50 年代相比，20 世纪 90 年代黄河下游非汛期来水减少 $24.5\times10^8\,\mathrm{m}^3$。

黄河季节性断流后，黄河三角洲地区缺乏足够的泥沙沉积与水量输入，地下水位下降，海水入侵，土壤盐碱化速度加快，降低了生物种群多样性，破坏了黄河下游原来的生态环境状况。

4. 城市、地区之间的冲突和潜在纠纷

流域是地球上天然的水文地理单位，在一个大流域内，经常存在不同的城市或者国家。目前世界上240条以上的河流流域由2个或更多的国家共享，5条河流由至少7个国家共享。例如约旦河由叙利亚、黎巴嫩、约旦和以色列共享，尼罗河流经苏丹、埃塞俄比亚、埃及等9个国家。流域上、中、下游国家、城市之间的用水如果没有一个强有力的协调部门和机制，常常会导致这些地区因为水资源的开发产生矛盾和冲突。尤其是那些跨国河流，这种情况更加严重。印度于1951年宣布建造法兰卡（Farakka）大坝时，就引起原巴基斯坦的强烈抗议。法兰卡调水工程位于孟加拉国上游印度境内18km，有近2000m^3/s的水量被调往加尔各答（Calcutta）港口改善其航道的通航条件，1993年仅有260m^3/s的水量进入孟加拉国，至1995年，孟加拉国枯季流量下降80%，位于孟加拉国南部面积超过$1.2×10^5 hm^2$的全国最大灌溉工程不得不关闭。为此，孟加拉国从1971年开始在随后几十年间与印度就水源分配问题进行了长期的交涉和谈判。

在某些地方，因用水的竞争而引起的内部争端已经达到白热化的程度。仍旧以印度为例，由于水资源缺乏，其水资源供应一直很紧张。至少从20世纪60年代之后，印度不同的邦之间因水而发生冲突，这种冲突现在变得更为激烈。据报道，在1992年由于灌溉水分配不均导致的卡纳塔克邦（Karnataka）骚乱中，超过50个人被杀。旁遮普邦（Punjab）和哈里亚纳邦（Haryana）也在为比亚斯河（Beas）和苏特莱杰河（Sutlej）的分配发生争执。哈里亚纳邦和德里（Delhi）之间的关系也因Yamuna河水而处于尴尬的状态。

这些冲突也因进一步的城市化和工业化变得更尖锐。印度的Andra Pradesh和卡纳塔克邦因为克利须那河（Krishna）上Alamatti水坝的高度而发生争执，而Madhya Pradesh邦和古吉拉特邦（Gujarat）因纳尔默达河（Narmada）水而引起冲突。一些专家认为，如果不加注意，那么水资源所引起的争端将成为威胁印度社会稳定的主要威胁。

不同国家之间，城市化和工业化的进程也加剧了水源紧张的局面。以尼罗河为例，埃及用水中，约有97%来自这条河流，尼罗河水大多发源于尼罗河上游的盆地，包括苏丹、埃塞俄比亚、肯尼亚、卢旺达、布隆迪、乌干达、坦桑尼亚和扎伊尔等国家。当流域上游国家的人口继续增加，经济继续发展时，他们就需要截流更多的尼罗河水。从而减少了尼罗河进入埃及的流量，并且严重影响到它的农业生产，这一状况显然埋下了冲突的种子。

围绕水资源展开武力冲突的典型例子是中东地区幼发拉底—底格里斯河流域与约旦河流域。尽管2500年以前在中东沙漠上因控制水井和绿洲而爆发的战争早已结束。但时至今日，中东地区为了控制水资源在很大程度上依然要诉诸于武力与军事行动。土耳其于1966年开始在幼发拉底河建造Keban大坝后，叙利亚

竭力反对；而叙利亚在幼发拉底河上建造 Tabqa 高坝又进一步加剧了叙利亚与伊拉克之间的紧张局势。

1964 年，以色列建成国家输水工程，开始从约旦河取水，最初这项工程的目的是将水输送至内盖夫（西南亚巴勒斯坦南部一地区）作为农业灌溉水源，现在，大约 80% 的水被用作居民生活用水。这项工程完工后，从约旦河取水就成了以色列与叙利亚和约旦两国之间关系紧张的起源。1965 年，阿拉伯国家开始建设河流上游源头输水计划项目，一旦这项计划得以实施完成，约旦河的大部分水将不再流入以色列和加利利海，而是进入约旦和叙利亚，并转输至黎巴嫩。这样将会导致以色列已建好的引水工程水量降低 35% 以上，以色列国防部于 1965 年 3 月、5 月和 8 月三次对上游输水构筑物发动了袭击，并最终导致了 1967 年阿以战争的爆发。1967 年，以色列一方与埃及、叙利亚及约旦三国之间爆发的阿以战争，最终以色列取得了胜利，并占领了戈兰高地、耶路撒冷位于约旦的部分、约旦河西岸以及埃及东北部的一大片领土。以色列至今仍旧占领这些领土，认为他们从这些地方撤出，国家将会面临巨大的安全危机。其实质就是为了获得这些土地上宝贵淡水资源的控制权。因此，可以说正是为了控制约旦河的水源，引起了阿以之间长达数十年的冲突。

在国内，许多引水工程同样存在多种冲突隐患。例如江浙水事纠纷、苏鲁边界水事纠纷、浙闽大岩坑引水纠纷、川黔赤水河纠纷、晋豫沁河纠纷、漳河水事纠纷。以漳河纠纷为例，位于河南省林州市的红旗渠，建于 1960 年，全长 1500km，穿越于太行山间，将漳河水从山西境内引入林州。早在 20 世纪 50 年代，漳河上游两岸之间因水而起的纠纷就时有发生。进入 20 世纪 60 年代至 70 年代，山西、河南、河北三省相继在漳河上游修建了数十座水库和大量的引水工程。进入 20 世纪 90 年代后，每逢灌溉季节，漳河上游河道径流不足每秒 $10m^3$，而沿河两岸工程的引水能力却超过每秒 $100m^3$。1992 年 8 月 22 日，红旗渠数十米渠道被炸毁，村庄被淹，直接损失近千万元。破坏者来自与林州一水相隔的河北涉县的村民。漳河红旗渠纠纷的直接原因，就在于漳河两边引水工程引水数量过大，漳河水量不足所致。

5. 新世纪呼唤建立用水伦理

河流是由源头、支流、干流、湖泊、池沼、河口等组成的完整生态系统。奔腾不息的河流是人类及众多生物赖以生存的生态链条，是哺育人类历史文明的摇篮。但是，由于长期以来人们过度开发利用，当今全球范围内的河流已经普遍受到污染或面临耗竭的危机。这一严峻的现实，迫使我们重新思考人类社会的用水模式和策略。同时，确保一个流域之间用水的公平性和可持续性也成为今天水资源开发利用的重大挑战。对于一个流域的用水而言，需要流域上、中、下游城市用水的合理分配和优化，以保证河流生态系统得以生存和持续发展。

水资源可持续利用就是人类对水资源的开发利用既要满足当代经济和社会发展对水的需求，又不损害满足未来经济和社会发展对水需求的能力；既要满足本流域（区域）经济和社会发展对水的需求，又不危害其他流域（区域）经济和社会发展对水需求的能力。水资源可持续利用本质上是建立一种人与自然和谐相处、兼顾代际和代内公平的水资源开发利用模式。

在一个流域中，水资源可持续利用公平性原则的具体表现就在于流域上下游之间用水的公平合理，上游不能影响中、下游城市的用水。要想实现这种公平性，当然需要建立一系列的水资源分配法律和制度。例如借鉴国外发达国家的水权理论，建立合理的水价体系，进行水交易的市场机制等等。

此外，建立一种新的用水伦理也是非常重要和必需的选择。因为伦理是人与人之间的道德行为规范，是人类社会赖以稳定发展的重要力量。伦理学根源于人与人之间的社会关系，它尊重所有人的利益。伦理学从大多数人的利益出发，制定人类行为的道德准则和道德规范，并在人类社会活动中，使个人的行为受这些准则和规范的调节和约束。在人类社会中，习惯和传统往往具有极其强大的力量。当一种认识逐渐成为社会遵循公认的道德准则和规范，形成一种行为习惯的准则时，它就会对我们每个个体形成强大的约束力，让我们的行为遵循这种准则。

目前的城市用水模式已经导致了河流生命的丧失、供水成本的急剧上升以及上下游城市之间的潜在争端。原本流域用水中天然的水利用循环是上游城市的排水成为下游城市的水源。这就要求上游城市的用水不应该破坏下游城市用水的功能，应将排入河道的污染负荷加以切断或消减，实现河流生命的延续和水资源的可持续利用。这是每个城市不可逃避的义务与责任。用外流域引水冲刷污染，将污染物排入下游城市，成为下游城市的负担，这不是一种负责任的做法。

在一个流域中，我们应该提倡一种新的用水伦理。这种用水伦理的基本点是：1）城市的用水立足于依靠本地区的水资源来解决；2）在保证生态用水量的情况下进行取水。在不同气候、地理、水文地质条件下，河流的生态用水量并不相同，但是一般认为取水量不超出径流量的40%是较为合适的；3）城市节制和有效地利用水资源，尽量减少淡水取水量，充分利用污水再生水，实现社会用水的健康循环；4）在缺水严重地区，在取水量不得已超出径流量的40%时，必须根据河流生态需水的质和量要求，利用再生水补给河湖，增加相应份额的生态用水量；5）上游城市的社会水循环不影响下游城市的用水，实现水资源的共享。每个城市既需要限制取水的数量，也要控制排水的数量和质量，不至于污染下游河段，从而保证整条河流的水资源利用是可持续的。

综上所述，人类社会用水伦理就是节制、节约、再生、循环和可持续，一言以蔽之，就是社会用水的健康循环。这种伦理的建立，并不是可有可无的。如果没有这样一种用水伦理来保护河流的生态系统以及上下游地区之间的和谐共处，那么整个流域地区的社会经济发展就要受到阻碍和制约。

4.3 取用水模式的革新

进入 21 世纪的今天，城市取水、用水策略必须进行根本性的转变。需要转变成为一种使上下游城市用水、人类用水与自然和谐发展的新模式。这种模式简略示意如图 4-10 所示。

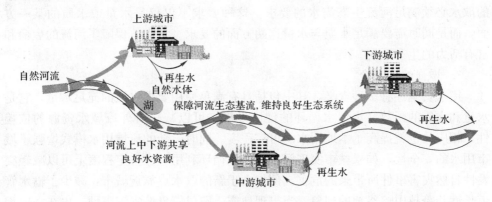

图 4-10 新的城市取用水模式

相比传统的取水模式，这种新模式具有几个显著的特点。

1. 以流域为单元的水资源利用模式

流域是一个从源头到河口的天然集水单元，也是水文大循环的基本单元。所以，在人类社会用水循环中，也必须以流域为单位进行管理才符合水资源本身的自然属性和系统特性。如图 4-10 所示，这种新的取水模式强调在每个流域内的用水立足于本流域解决，流域范畴内的用水，做到统筹兼顾上下游城市、人类和河流生态系统的用水，更大程度上体现了流域水资源的公平性和共享性。

这种以流域为单元的取用水模式打破了原来基于行政区管理水资源的模式，可以统筹兼顾上下游各城市、各地区间的利益。目前，以流域为单元对水资源进行综合开发与统一管理，已经得到世界上越来越多的国家和国际组织的认可和接受，成为一种先进的水资源管理模式。

2. 水资源的共享与循环利用

城市用水的主要水源要在本地区河流流域内解决，就要求改变一次性用水的直流模式，在城市、流域范畴上实现水的利用、再生与再循环。这种方式主要通过城市用水的再生循环利用来实现。如图 4-10 所示，各个城市通过污水再生循环利用，进一步降低了城市对新鲜水的需求量，使流域内的水源能够满足更多城市的用水需求。

在这种取水模式中，一个很大的特点就是可以实现水资源的共享。这种共享主要有两个层次，第一个层次是流域上中下游地区之间水资源的共享。河流上游城市用水后，排放的处理水不会影响下游城市的使用，从而实现了一条河流上、下游城市对良好水资源的共享。也就改变了城市取水越来越向上游发展、修建越来越远的引水工程的局面，每个城市都可以从本地区河流上游取水，从而大大降低供水成本，提高供水服务水平。

第二是流域内人类用水与河流生态需水的共享，这种新的模式要求每个城市的取水必须满足河流生态需水的要求，这种要求不仅仅是水量或水质的某一方面，而是同时需要满足水质与水量这两方面的要求。从而，保障了河流的生命和富有活力的生态系统。

3. 增强的水安全

用水安全性有多种含义，其中包括具有满足使用要求水质的充足水量，它是水量和水质的函数。本地水循环的健康发展，可以减轻对外流域水资源的依赖性，相应的也就提高了本地用水的可靠程度。同时，新的流域用水模式增强了城市用水的安全性，如果城市实现污水再生水循环利用，在一定程度上可以减轻突发性自然灾害事件所带来的危害。例如由于新的取水点靠近城市，减少了输水管道长度和跨越山岭谷地的现象，当出现地震、飓风等自然灾害事件，也在一定程度上降低了受这些灾害事件破坏的机会，对于保证在这些灾害情况下城市的正常供水会有很大的帮助。

第5章 城市排水系统功能的变革

5.1 城市排水系统发展历程与挑战

5.1.1 城市排水系统发展简史

城市是一个国家的财富集中地和社会经济发展水平的标志。它集中着国家很大部分的生产力，提供国家大部分的经济产出。就世界平均水平而言，城市地区拥有各国约60%的GNP。城市的重要作用不仅仅表现在能够提供较多的就业机会、居住地和服务，而且还是文化和知识技术发展的中心，以及农产品加工基地。

城镇的出现可追溯到遥远的古代，然而城镇的兴起也带来了公共卫生问题，为了解决这个问题，城市排水系统应运而生。城市排水和废弃物处理系统已经存在了至少5000年。在美索不达米亚帝国时期（公元前3500~2500年），富人的住宅建有与雨水沟连接的排泄管道用来排泄住宅内的污水。在我国河南省淮阳挖掘出的龙山文化时期（公元前2800~2300年）的古城中也发现了陶质排水管。

最初的城市排水系统源于城市防洪排涝的需要。它的主要功能是尽快将雨水排出市区之外。伦敦最早的排水系统是排除地表水，直到19世纪初还禁止向雨水下水道中排放污水或其他废物。

19世纪30年代至50年代霍乱和伤寒流行病蔓延整个伦敦、巴黎、汉堡和其他欧洲城市，导致每个城市成千上万的人死亡。著名的卫生运动的倡导者埃德文·查德威克爵士（Edwin Chadwick）认为，大多数城镇的不卫生条件是导致霍乱的主要原因。他强烈呼吁用冲水式厕所取代传统的厕所，还提倡建设城镇污水下水道。查德威克反对禁止将生活污水排放到雨水下水道的规定，并建议修建污水干线系统，用下水道同时排放暴雨水和生活污水。从此，18世纪末发明的水冲厕所开始在19世纪得到迅速推广普及。

水冲厕所的应用大大改善了城市居民的生活条件，也使得城市用水量和排水量迅速增加，由于水冲厕所的使用，伦敦排水系统的水量从1850年到1856年6年间几乎增加了一倍。极大地改变了城市排水系统的性质、结构和功能。此时城市排水系统的目的是改善城市居民卫生条件。它的主要功能是将雨水和来自人类不同活动的污水尽快排出市区之外。

历史上,这种排水系统避免了大规模水媒流行病的爆发,成功地改善了城市居民的卫生条件,为人类的繁衍作出了巨大贡献。

但是由于缺乏污水处理,使得进入下水道系统的污水都直接排入了城市周边的河流水体,造成严重的水质污染。在"水冲厕所革命"的发源地英国,水冲厕所的应用大大改善了城市普通市民的生活条件,降低了疾病发生率,然而水冲洗革命的到来,使河流水质严重下降。严重的污染也使得欧洲的莱茵河曾一度被称为"欧洲最大的下水道"。1867年,英国土木工程师鲍德温·莱斯姆(Baldwin Latham,1836~1917)就指出:我们公民的生活和健康是以牺牲河流的代价换来的。

河流水质普遍退化以及伤寒等疾病的肆虐,迫使人们开始进行污水的处理研究工作。从大约1900年至20世纪70年代初期,污水处理的对象主要是:胶体物质、悬浮物质和可漂浮物、生物可降解有机物以及病原菌。从20世纪70年代初期到1980年前后,污水处理目标主要基于美学和环境的角度,处理的主要对象是去除生化需氧量BOD,总悬浮固体TSS以及更高水平地去除病原菌。同时,氮、磷等营养盐的去除也开始得到研究,尤其是在内陆河湖和河口、海湾地区。此时排水系统的功能是:排除雨、污水,防止内涝,改善城区卫生条件,以及保护河川水质。20世纪90年代以来,延续了70年代提高水质的目标,但是强调的重点转移到持久性有机污染物和内分泌干扰物。

5.1.2 城市排水系统面临的严峻挑战

1. 世界范围内的水环境退化

随着时间的推移,我们对污水处理的目标和对象不断增多,处理程度要求也越来越高。这些物质的主要来源是工业废水。随着社会经济和工业企业的发展,工业废水中污染物数量和种类不断增加,包括有毒化学物质、重金属、有机化合物和杀虫剂等使许多城市污水处理系统面临新的挑战。虽然污水处理指标要求越来越多,越来越严,也不断促进开发出新的单元处理工艺,但是,世界范围内城市河湖水系的水质退化仍然相当严重。

从发达国家和地区现在的水环境质量以及它们的发展趋势来看,在历经了数十年的努力治理之后,许多河流水系水质情况虽有所改善,整体水环境却仍旧没有得到根本性的好转,1780~1980年的200年间,美国五大湖沿岸湿地遭受严重破坏,超过半数的湿地已经消失。其中俄亥俄州湿地损失情况最为严重,湿地损失高达90%,即便是湿地保护得最好的明尼苏达州,损失的湿地也占42%,如图5-1所示。可见水环境系统恢复和水质维持的难度之大。这也暗示着至少在可以预见的将来,城市排水系统面临的挑战将是十分严峻的,因为在人类整个用水循环过程中,排水系统是控制污染物排放量的关键,是与自然系统的联结点。

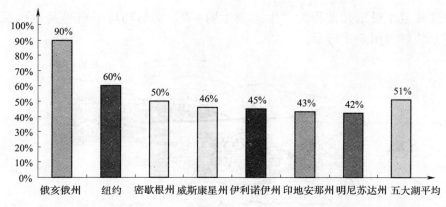

图 5-1　1780~1980 年五大湖沿岸湿地损失情况

在 21 世纪，世界城市的发展将越来越快。从全球城市发展的历史情况看，进入工业化时期以来，城市化（urbanization）成了重要的全球现象。20 世纪初，城市人口仅占全球人口的 13%~14%，到 20 世纪末，城市人口的比例就已经提高到 47% 左右。根据联合国 1995 年的资料，世界五大洲的城市化平均水平为：北美洲（76.3%）、拉丁美洲（74.2%）、欧洲（73.6%）、亚洲（34.6%）、非洲（34.4%）。

根据联合国环境署资料，目前世界上有近一半（47%）的人口居住在城市，据估计，2000~2015 年城市人口将以每年 2% 的速度继续增加。

如此急剧膨胀的城市人口所需的迅速增加的食品、能源和水资源消费，更加剧了水资源短缺状况，大量的水资源不得不被输送到城市地区。在 21 世纪，人类需要"找到"比目前多 25%~60% 的淡水来满足全球人口的饮用、卫生、农业和能源生产之需。这些大量的水资源利用也产生相应巨额的污水排放量，对城市排水设施带来了严峻的挑战。

2. 国际社会的努力

为了缓解城市地区水资源紧张与水环境退化的问题，国际社会付出了巨大努力，提出了许多概念和设想，例如生态卫生（Ecological sanitation，有的译为生态卫生厕所），城市的新陈代谢，水资源回收和再循环、再利用（3R 原则，reduce, recycling, reuse）等。

生态卫生系统发展的核心是要以安全、经济、可靠的方法，使水资源和营养物质在人类社会和经济发展中以闭合循环的方式运行，以提高用水效率，保护和节约有限水资源和营养物质。生态卫生系统是建立在三条基本原则基础上的，即：预防污染而不是在污染发生之后再进行治理和控制；粪便排泄物的消毒与无害化；将这些安全的粪便产品回用于农业，循环利用排泄物中的营养物质。因此，粪便的无害化和再循环是生态卫生最关键的特征。

所以这种卫生设施又被称为"生态卫生厕所",它与环境形成可持续的完整循环系统,如图 5-2 所示。

图 5-2　生态卫生厕所的营养物质循环示意图

生态卫生是一个可持续的、闭合循环系统。它将人的排泄物看做是可利用的资源而不是废物,回收利用其中的养分,这种思想非常可贵。在农村、乡镇等经济欠发达地区考虑将生态卫生厕所作为提高当地卫生条件、保护环境和资源循环利用的形式是相当有效的。其实,生态卫生厕所的根本理念并不新颖,以生态学原则为基础的卫生设施在不同习俗地区已使用上千年了,我国农村地区的大部分茅厕实际上就是早期的生态卫生厕所,距今已有几千年的历史。

但是生态卫生厕所要求以家庭为单位处置人粪尿,对于一个高度发展的城市而言,这种循环利用水资源与营养物质的形式实施难度大,很难适应城市的需要。尤其是在中国,城市排放大量的污水,现行的污水收集和处理系统近期内不会改观,垃圾分类与分拣工作还没有实质性进展,居民对于生态卫生系统的观念、操作管理等相关知识的培训和掌握、千家万户家庭排水系统改造的可行性等等都还远远不足以满足在城市地区实施生态卫生厕所的需要。同时,对于城市人口密集地区,生态卫生厕所的适用性也是值得认真商榷的,毕竟这与农村地区地广人稀的环境有很大的区别,生态卫生厕所的维护、气味等问题更加复杂,一旦个别家庭出现流行性病菌感染造成的潜在风险也相当大,所以在城市地区,迫切需要在现有社会经济、文化发展水平基础之上,综合生态学、系统科学、环境工程等学科知识创建一种水和营养物质循环利用的排水系统新模式。

但是,目前总体上城市排水系统的功能和定义还没有从根本上加以改变,尤其是在发展中国家。在这些国家中,由于缺乏资金、教育等原因,对城市排水系统的观念仍旧维持在原来的水平,仅限于防洪、排涝,维系城市卫生,控制水体污染而已,完全没有污水再生再循环的概念。没有认识到地球上水循环的规律和人、水和谐的理念。在我国,目前许多城市正在大规模规划和建设城市污水处理设施,其中不少规划仅仅强调规模效益或尽快排除污水,没有考虑到未来污水再生利用对城市污水处理设施布局、工艺等的需要。在未来需要大规模回用再生水的年代,必然造成极大的资金浪费以重新布局城市污水处理系统。

可见,我们必须发展一种新的城市排水系统,以提高居民生活卫生水平和循环利用那些潜在的宝贵资源,同时还要能够解决基建投资短缺的难题。这将是21世纪我们给水排水工作者的一项优先任务和艰巨挑战。

5.2 城市生态系统物质平衡分析

城市是水环境和水资源以及其他物质和能量消耗的最大用户,在中国,一个城市居民消耗的资源是农村地区居民的数倍。大量的水、粮食和其他物资从城市周边地区输入城市,经过居民消费之后,经城市排水系统,排入受纳水体,如图5-3所示。

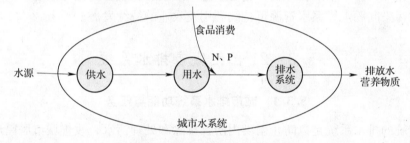

图 5-3　传统城市水系统的物质平衡

这种模式在城市规模较小时并没有显出多大缺陷和危害,人们可以尽情享受城市的便捷和舒适。然而,随着城市居民的增加,需要输入的水和粮食的数量随之大幅增长,很显然,城市中氮、磷等营养物质直线型的大量输入和肆意排放,使越来越多的污水和营养物质排入水体,造成了自然水体的污染和清洁水资源与营养物质的流失。而地球上的淡水资源和营养物质都是有限的。

以自然界中的磷为例,尽管磷是地球上第11位含量最丰富的元素,但是可作为资源开采的磷却是很有限的。由于现代农业对化学肥料的严重依赖性,导致了磷这种不可再生的资源正在以日益增长的速度被开采,以满足化肥的需求。总的说来,用于生产化肥的磷酸盐占全球磷酸盐利用量的80%,其余20%分别用于生产洗涤剂、动物喂养和其他特殊用途(如生产阻燃剂等)。

据预测,随着时间的推移,磷产品将会不断减少,成本会日益上升。当前我们所用的相对来说易于开采并不昂贵的磷,将会在50年内消耗殆尽。因此,在我们未来的发展战略中,增强农业生产力必然要强调应比过去更加有效地、更可持续地利用那些宝贵的可用资源,要创立物质循环型社会和循环型城市,不能容忍城市输入的大量水资源和有机物、氮、磷等随着城市污水、垃圾肆意排放和丢弃而大量流失，并同时污染水环境。这就迫使我们必须从现在开始进行水和其他资源的再生、再利用和再循环，进行 N、P 等物质的回归再循环，将这些营养物质回归土壤，以降低人工化肥的需求量。

在中国，这种需求更加迫切。2002 年中国人口约为 12.8×10^8 人（不含香港、澳门和台湾）。其中约 39.1% 居住在城市。大量增长的城市居民给中国所有 660 个城市的水资源和水环境都带来巨大的压力。

同时，大量的污水以及蕴含的营养物质资源又给我们提供了解决问题的有利机会。2002 年，中国城市生活污水量为 $243\times10^8 m^3$。如果能够回收其中的 1/3，就能够解决今后 10~15 年的城市缺水问题，此外，污水中含有的大量氮磷营养物质也是相当可观的。因此，在中国的许多城市，尤其是像北京、广州等这些特大城市，城市污水是极为宝贵的水资源，不应该予以废弃。污水应该而且必须再生和再循环，污水中的营养物，也必须进入土壤营养成分的循环系统，以解决缺水和水污染问题，维系水资源可持续利用及农业的持续发展。

5.3 21 世纪城市排水系统

5.3.1 城市排水系统功能与任务

传统的排水系统是以防止雨洪内涝、排除和处理污水、改善城市居民环境卫生和保护城市公共水域水质为目的，认为污水是有害的、应尽快排除到城市下游。这种观念导致的结果往往是保护了局部的生活环境，危害了广大流域地区。

实际上，良好的水环境不是局部地域的，它的范围是整个流域的乃至全球的。给水系统和排水系统好比是城市水循环的动脉与静脉，排水系统起到回收城市污水和净化再生，畅通城市水循环的作用。

此外，排水系统还应该妥善处理污水处理厂产生的污泥。污泥处置的一个最具竞争力的出路是作为农业肥料——充分利用污泥中富含的 N、P、K 等营养物质，既可避免污染，又可创造经济效益。泰国南部的实践表明，在费用回收和公众参与的情况下，废弃物中的营养物质再循环利用是一种在技术上、经济上和环境等方面都可行的方法。许多田间试验结果表明，施用一定量城市生活污泥对土壤有机质、土壤腐殖化程度、土壤结构性等均有明显的提高和改善，合理施用符合控制标准的污泥有利于提高土壤肥力水平。

自 1972 年以来，不断增长的食物生产给土地资源带来了巨大的压力，1985~1995 年，世界上许多地区的人口增长速度超过了食物的增长速度。而世界的耕地随着人口增加还在减少，同时还在因为森林砍伐、植被破坏、工业和城市的扩张、超量使用化肥和农药等其他化学物质产生土壤的退化和水污染现象。

根据预测，在未来的 30 年里，耕地的减少量在 $(3000～6000)×10^4 \mathrm{hm}^2$，届时全球剩余的耕地面积大约为 $(1～2)×10^8 \mathrm{hm}^2$。因此，随着人口的增长，耕地面积的大幅下降，农业如何能够提供充足的粮食，保证全球人口的食品需求，将是一个无比艰巨的任务。但是无论如何，其中很关键的一点就是要尽力提高农田的肥力，创造更高的粮食亩产量，通过不断的努力来实现土地资源的可持续利用，进而提高全球农业的可持续发展能力。对于保持和提高土地资源的生产潜力、耕地肥力的提高和土壤结构的改善，合理科学地利用尽可能多的有机肥料是必不可少的有效措施。因此，未来城市在消耗巨额营养物质的同时，其排水系统也同样应该承担起维系土壤生产能力的艰巨任务。

所以，21 世纪排水系统的功能应从以前的防涝减灾、防污减灾逐步转向污水和营养物质的再循环，从而恢复良好的水环境，促进水资源的可持续利用。它的基本任务是收集、处理、再生和再循环尽可能多的水资源和营养物质。既要强调循环利用物质的数量，也要重视这些再循环资源的质量问题。

现在，越来越多的人意识到需要进行水资源的保护、污水再生和再循环，许多研究也显示只要是经过适当的处理和净化，再生水不但是水资源的一部分，并且也有直接饮用的实例。在中东地区，污水再生回用已经相当普遍。以色列早在 20 世纪 70 年代就开始将废水再循环作为一项国家政策，而且其后 10 年间，以色列就将其 70% 的污水再生回用于灌溉。美国、瑞典、英国、德国等国家的污水再生回用规模也是相当大的，并且在这方面都不乏成功的实例。

5.3.2 现代城市排水系统模型

满足上述新功能和任务的现代城市排水系统，可以看成是城市物质循环的一个关键环节。它的模型如图 5-4 所示。

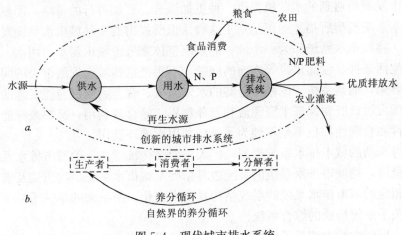

图 5-4 现代城市排水系统

在经历人类数千年来的快速发展之后，我们越来越认识到，解决现行物质短缺和人类可持续发展问题的唯一出路是建立循环型社会，其中水的再循环利用是基础。在这样一种新的城市水系统中，水在排放至城市下游之前已经被利用了多次，排放的也是再生水。如图5-4所示，城市排水系统为城市提供再生水，起到分解者的作用。而且它通过高质量的排放水将社会用水与水的自然循环联系起来，将降低城市需水量，从而下游水体水质也得到保护免于被污染。

从宏观角度看，与传统的排水系统相比，现代城市排水系统在以下三个方面呈现出根本性的变化，或者说具有三个显著的特点。

1. 系统性

系统性本来是自然界中事物普遍具有的一种特性，运用系统科学的思维和方法探索自然界的奥秘，这也是我们认识自然、掌握客观规律十分重要的途径。然而，目前我们正在快速发展的科学技术，绝大部分仍旧是在西方文明的还原论主导思想之下进行的。而这种思想在对于认识事物的整体方面存在着极大的缺陷。正如美国著名未来学家阿尔文·托夫勒（Alvin Toffler）在为伊·普里戈金的《从混沌到有序》（Order Out of Chaos）撰写的序中曾经说的那样："在当代西方文明中得到最高发展的技巧之一就是拆零，即把问题分解成尽可能小的一些部分。我们非常擅长此技，以致我们竟时常忘记把这些细部重新装到一起。这种技巧也许是在科学中最受过精心磨炼的技巧。在科学中，我们不仅习惯于把问题划分成许多细部，我们还常常用一种有用的技法把这些细部的每一个从其周围环境中孤立出来。这样一来，我们的问题与宇宙其余部分之间的复杂的相互作用，就可以不去过问了。"

因此，以一种系统的思维模式和视点去重新审视我们城市的给水排水系统，也许会使我们更加接近掌握自然界和人类社会发展的某些客观规律，从而为解决目前城市发展所遇到的水危机提供一种更加综合、更加可行的策略。而创新的现代城市水系统模型所描述的正是基于这种认识所提出的一种城市水系统发展的框架模型。将城市水系统作为一个统一的系统整体来考虑城市需水、用水、排水以及居民生活条件、食品供应等方面的问题。不再把这些城市发展带来的问题孤立和割裂开来，而是系统考虑城市范畴的水资源流、营养物质流与能量流的合理分配和持续发展。既要保证水资源流和营养物质流的合理利用，又要兼顾能量流的可支撑性和合理性，也不是单纯为了循环利用而循环利用。

这种全新的城市排水系统模型，扩大了原来传统意义上的城市排水系统研究对象的范围，使城市排水系统的系统边界拓展至城市水系统、物质流及能量利用系统。相应的城市排水系统的系统结构发生了变化，由原来的单一子系统变成由几个相关子系统构成的综合系统。

这个模型中的大部分子系统，或者说是组成结构，并不是什么新奇事物，或多或少已经被人们所认识，然而，将这些不同方面的元素综合起来一块考虑却给了我们许多新的启示。应该看到尽管这个模型离实际工程实施还有一段距离，但是，毕竟为我们城市水系统的未来发展方向提出了一个极富竞争力和吸引力的设想，从更加系统、更综合的角度去思考和应对城市发展所带来的水危机和相关难题。

2. 资源的循环利用

自然界中不存在废物，是因为自然界中各种物质都能以自己的规律进行着循环运动。可以说，循环是自然界得以存在和发展的本质特征。尽管从现在我们人类社会的物质消耗还很难看到循环的影子，但是，可以确信的一点是，在未来一二十年之内，我们的城市就将会在物质的循环利用方面不可避免地呈现出比今天要强烈得多的要求，也一定可以促使在部分城市建立起物质循环利用的系统。

原来的物质利用方式，以及化肥利用效率的徘徊不前，造成了氮、磷等化肥用量的急剧攀升，对自然界中本就有限的自然资源施加了极大的压力。

从世界人均化肥用量发展情况来看，在20世纪中后期，总的化肥利用效率没有较大提高，除了欧洲和北美的肥料使用量在下降外，世界上其他地区的用量仍在继续缓慢上升。如图5-5所示。

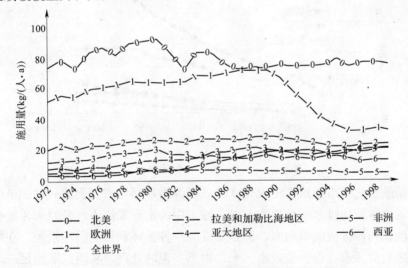

图5-5 全球化肥施用量变化

1972～1988年，世界化肥施用量以年均3.5%和每年400×10^4 t的速度增长。到20世纪80年代，主要靠增加矿物肥料来保持和增加土壤的营养物质。在2001～2004年间全球化肥消耗量增加约7%，达到1.43×10^8 t/a左右的水平。在许多国家，土壤中营养物质的矿化现象十分严重，而且，由于植物生长时所摄取的土壤中的营养物质没有得到补充，农作物产量不断下降。到2009～2010年，预测全球氮肥需求量将以每年1%左右的幅度增长，增加总量达 $480×10^4 t$。与 2005～2006 年的需求量相比，世界各地对氮肥的需求量将呈增长趋势，而西欧除外，预计该地区到 2009～2010 年需求量将下降 $20×10^4 t$。世界氮肥需求增长主要将集中在亚洲（59%）、北美洲（11%）、拉丁美洲（15%）、非洲（7%）、东欧和中亚（17%）以及大洋洲（4%）。磷肥的需求同样呈现出逐年增长的趋势，据预测，2009～2010 年，全球磷肥需求量将以年均 1.6% 的速度增长，总增长量为 $310×10^4 t$。

联合国粮农组织对 2030 年世界化肥需求量预测的结果表明，为了达到联合国粮农组织在研究中所规划的产量，到 2030 年每年的化肥用量需要从 1995～1997 年间的平均 $1.34×10^8 t$ 增加到约 $1.80×10^8 t$。这等于说在 34 年间每年的增幅约为 1% 或每年增加 $150×10^4 t$ 化肥总量。

相比世界化肥用量平均增长水平，我国化肥用量增长速度更高，其中 1978～2002 年我国化肥用量如图 5-6 所示。

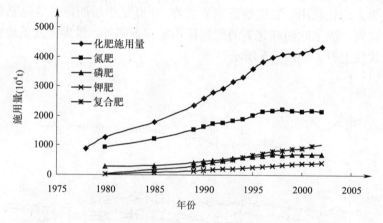

图 5-6　1978～2002 年我国化肥用量

创新的现代城市排水系统就是在建立资源循环型城市方面的一种积极尝试和努力。从这种新的排水系统架构上看，城市中的水资源流不再是原来传统概念上的一次性利用后排放的单向流，而是变成为一种循环利用的闭环系统。在得到一次利用之后的污水，将会被收集起来，得到妥善的处理，从而获取满足一定使用功能的再生水，这些再生水又通过专门的输配水系统，供给城市中的工业、市政等用水部门得到重复、循环的利用。

与此类似的是城市的营养物质循环状况也发生了根本性的变化。从原来依靠无休止地增加人工化肥来增加土壤中营养物质的量，转变为积极利用富含营养物质的污水处理厂污泥制作成为安全、高效的有机肥料。

因此，在创造如图 5-4 所示的城市排水系统之后，整个城市水系统类似于自然界水循环和氮磷循环，城市的物质流形成了反馈循环的闭环系统，城市可以用很少的新鲜水量就满足城市用水之需。同时也维持了自然界生态系统的物质循环规律。

3. 可持续性

在过去的一个世纪里，我们不断地修筑水坝、建设引水渠道、实施远距离输水工程，以寻求更多的新水源来满足城市扩张和人口增长的需要，致使城市发展对周围环境的影响和压力越来越大，社会水循环已经逐渐成为人类社会发展面临的一个沉重负担。在目前人类用水强度日益加强的情况下，就要求社会水循环提供更高的可持续性。所谓可持续的水资源系统，是指这样设计和管理的系统，它不仅满足现代人的需求，而且满足未来人的需求。它是一个哲学概念，而不是一个确切的存在状态。

城市排水系统的可持续性是现代城市用水系统的内在特性，是人类社会发展的必然要求，为社会用水健康循环所必需。

健康社会水循环，正是将人类用水置于水的自然大循环系统之下，以一种更加符合自然界物质循环利用规律的方式开发、管理和利用宝贵的自然水资源，使水和营养物质都能够以环境友好的方式得到循环再用，从而力求达到一种更可持续的社会水循环。也就是说，在实现了社会用水健康循环的同时，也就使得我们人类社会的用水水平有了质的提高，在保障人类当前发展用水需求的同时，维持自然界良好的生态环境，从而提高我们水资源系统的可持续性。

5.3.3 现代城市排水系统规划与设计

随着社会的发展和人们环境意识的增强，我国水污染控制经历了由单一污染源的治理、污染物浓度达标排放到区域污染综合防治、以环境容量为依据的污染物排放总量控制的两个阶段。在20世纪70年代末期之前，主要采取的是点源治理策略，显然不足以防止水环境的污染。80年代开始进入污染综合防治和总量控制阶段。在过去的几十年中，由于我国的污染防治工作一直奉行着"点源治理、达标排放"、"三同时"和"谁污染、谁治理"的政策，实际结果并不理想。据国家环保总局1987年对我国5556套工业废水处理设施调查结果表明，"三个效率"（污染治理设施的运行率、设备利用率、污染物去除率）较好的仅占运行设施总数的35.7%，其污染物去除率达到设计能力的只有50%，总体有效投资只占全部处理设施总投资的31.3%，只有不足1/3的设备发挥作用。同时，对城市污水处理厂重视不够，尤其是缺乏污水再生、再循环的理念。原有污水处理系统的规划、设计、思想原则中存在不少问题，已不能很好适应当前我国经济发展和水环境恢复与水资源可持续利用的要求。

目前城市污水的来源和污染物也有了显著的变化。由于工程科技的突飞猛进，化工企业排放的废水中常常含有难降解的有机物、有毒有害物质，对水生态和人体健康带来长远的影响。为了适应现代排水系统功能的升华，现今的城市排水系统组成应由污水收集系统（管网）、污水处理与再生系统（污水再生水厂）、再生水供水管网和优质处理水排放系统所组成。与传统的排水系统相比，它增加了污水再生与回用的内容，提高了污水处理程度，由污水二级处理上升到污水深度处理甚至超深度处理，达到再生水的要求，所以系统构成变化较大。

在污水深度处理与污水再生回用已经实用化了的今天，城市总规划与给水排水系统规划都应当重新考虑，将污水的再生和回用放到重要位置上来。在进行排水系统规划时，应对整个城市的功能分区、工业分布、排水管网及污水处理现状等做周密的调查，调查现有的和预测潜在的再生水用户的地理位置及水量与水质的需求，并将这种结果反映到给排水专业规划中。恰当地确定排水分区、污水再生水厂的位置与个数，并将污水处理厂视为再生水厂，改变将污水处理厂摆放在城市最下游进行高度集中处理的传统做法。

1. 有毒有害工业废水的就地处理

城市污水含生活污水、普通工业废水和有毒有害工业废水，对于前两者可以直接进入管网收集系统，有毒有害工业废水，量虽然很少，但会影响全区污水的再生与再循环，必须就地处理。在产生有毒有害污染物的工厂甚至车间应就地进行无害化处理，然后再排入市政污水管网系统。这是城市排水系统不可忽视的问题。

2. 污水处理厂的选址与数目

按照传统规划方法，污水处理厂厂址要根据污染物排放量控制目标、城市布局、受纳水体功能及流量等因素来选择，一般尽可能地安放在各河系下游、城市郊区。但是这种系统布局使污水处理厂距离再生水用户较远，需铺设的回用水管网费用相应增加，不利于污水的资源化。因此，在确定污水处理厂厂址时，还应对再生水的用户进行调查分析（城市中的自然水面、小河、绿地和工业再生水用户），并根据再生水量的需求，在城市中适当位置设置污水处理厂（再生水厂），收集附近区域的城市污水，根据回用水质要求加以处理之后就近回用。

根据长期的实践经验，建设大型的污水处理厂可以降低建设费用和日常运行费用。但这种观点并没有考虑到污水回用的因素，如果考虑再生水回用所需铺设的输水管道、提升泵站等费用，考虑改善城市水环境以及因为污水回用减轻城市排水管网系统的负担所带来的经济效益，那么可以肯定，在城市下游建立集中的大型污水处理厂，在经济上并不是最优的，也是和促进污水再生回用相悖的。因为污水处理厂的数目过少，势必远离再生水用户，加大回用水输送管道的距离和投资，增加回用水成本，不利于污水回用。因此，城市污水处理厂的数目不应拘泥于传统经验，而应该依据城市实际再生水用户的需要在适当位置建设合适规模的污水处理厂，使得整个城市形成大、中、小，近、远期相结合的污水再生水厂布局规划。这样，既有利于污水回用，又减轻了城市排水管网系统的负担，易于实现分期建设，符合我国当前国情。

3. 处理工艺选择

污水处理、深度净化的方法较多，应该根据污水水质和再生水用户水质的要求，对水处理单元进行多种组合，通过技术经济比较来选择出经济可行的污水处理和再生流程。这就要求在确定污水处理工艺流程的时候增加对污水处理厂附近地区再生水需求情况的调查，从而满足对污水回用水质的要求。例如，当处理后的污水规划作为农田灌溉用水时，选择工艺流程时就可以不考虑或不注重其除磷脱氮效果，而侧重于其对水中病菌、重金属等的去除。而作为工业循环冷却水回用时，就需注意去除表面活性剂等容易起泡的物质，尽量减少引起循环水设备堵塞、腐蚀和结垢现象的物质。污水二级处理是污水再生的基础，但是一般都还需要进行不同程度的深度处理，才能达到再生水用户的水质要求。

目前，在实际工程中，习惯上把污水二级处理与深度处理流程单独进行设计。其实污水二级处理仅仅是污水再生全流程的一部分，是深度处理的预处理，因此污水再生水厂不是污水处理厂和再生水厂的简单相加。应把污水处理厂视为完整的污水再生水厂，它本质上与自来水厂一样，是生产制备再生水的企业，应统筹规划设计污水再生全流程，统筹选择污水再生各处理与净化工序的工艺技术，力求再生水质优良和制水成本的最低化，避免了在限定的二级处理水的基础上重新考虑深度处理的流程。污水再生全流程统筹设计，可以在各工序间合理分配污染物种类和负荷，选择预期目的相应的技术和净化构筑物，使全流程的建设与运行成本最优，达到最好的投入与产出比。

例如，再生水一般要求脱氮除磷，二级生化处理往往采取 A^2/O 脱氮除磷工艺，理论和实践都证明了存在两个缺憾。其一，与普通活性污泥法相比，生化反应时间长，建设成本与运行电耗显著增高；二是由于除磷与脱氮生化过程的内在矛盾，脱氮菌与除磷菌争夺碳源，而两种菌世代时间的悬殊又产生了相应 BOD 负荷与系统污泥龄方面的差异。国内外建成的 A^2/O 系统都存在难以控制的问题，绝大多数不是除磷效果好，硝化效果差，就是硝化、脱氮效果好，而除磷效果差。按全流程统筹设计就可获得较好的选择方案。这将在第 6 章中论述。

4. 污水厂方案评价

在进行新建和扩建污水处理厂的设计时，要近远期结合考虑污水再生回用的需要，选择污水深度处理系统，预留污水深度处理的发展用地，使污水处理、深度处理系统和回用系统的总投资之和为最小。在满足出水水质各项指标前提下进行经济分析、方案比选时，除要考虑费用与技术等因素外，还应考虑该方案是否有利于实现污水再循环——即在原有技术和经济分析因子的基础上，增加"污水与物质再循环适应性"的比较因子。其中有"污水再生循环"、"营养物质再循环"和"能量与物质的回收"等因素。虽然目前中国投入到污水厂建设的资金较为有限,要在全国范围内普遍地实现污水再生循环和物质再循环还需要一个漫长过程,但是必须注意到这将是解决中国水问题的有效途径。应该从现在开始在有条件的城市和地区率先实现污水再生利用,努力探求适合中国国情的污水回用途径和相应的处理工艺。在各地污水处理厂建设方案的比较中,应从长远观点考虑该方案实施之后,对于解决当地水污染、缓解水资源短缺以及促进当地的水资源和营养物质循环是否具有最大贡献,全面统筹考虑方案的短期、长期的费用效益比,以便选择一个真正有利于当地水环境恢复的优化设计方案。

第6章 污水再生全流程优化与工艺技术

城市化进程和社会经济的快速发展,给人们带来物质享受的同时,也带来了水污染、水短缺、水危机等一系列环境问题。目前,磷、氮营养物质引起的富营养化以及由此引起的水质安全问题日益突出,亟待解决。过去以去除有机物为目的的传统活性污泥法,显然已经不能满足目前排放水水质标准的要求,因此,需要对现有污水的生物处理系统进行升级改造,增加深度处理,以满足污水再生回用或高排放标准的要求。在此同时,还必须应用节能高效的新技术新工艺,对污水再生全流程系统进行优化,来降低水资源社会循环的成本,以利人类社会的持续发展。本章阐述了生物法除磷脱氮机理和典型工艺技术,并基于生物除磷脱氮的新工艺新技术,探讨了城市污水再生全流程和全流程优化理念,组成了若干污水再生全流程系统。

6.1 污水再生全流程理念

自20世纪初,以活性污泥法为代表的污水生化处理技术建立以来,都是以去除含碳有机物为核心的污水二级生化处理。其处理水的水质水平仅能达到 $BOD_5 20mg/L$、$SS 20mg/L$,而原污水中 NH_4^+-N 和磷只有部分用于细胞合成,出水中去除较少。只在近10年至30年的时间里,为遏制水质污染越演越重的趋势,提出了污水深度处理。要在二级出水的基础上再进一步进行物理、化学、物理化学和生物化学的净化,达到再生水用户的要求或达到不影响下游水体功能的水质要求。其中,对 N、P 的要求更为严格。近年我国明确提出污水处理厂要逐步达到《城镇污水处理厂污染物排放标准》(GB 18918—2002) 一级 A 的要求,该标准与许多用户的再生水标准接近。其中要求 $TN \leqslant 15mg/L$,$TP \leqslant 0.5mg/L$。

水质工程师在改造并升级原二级污水处理厂或新建污水再生水厂时,也就习惯于先进行污水二级处理,再进行深度净化,分别考虑其处理工艺与流程,然后组合起来,达到再生水水质成一级 A 标准。统观全国各地污水再生水厂,基本可分为三种形式的污水处理与深度净化组合的污水再生全流程。

(1) 普通活性污泥法—混凝沉淀过滤污水再生全流程

自20世纪初第一座活性污泥法水处理厂诞生以来,活性污泥法已有了100年的历史,有着丰富的运行经验和稳定的去除有机污染物的效果。而对氮、磷的去除甚微,只是在合成细胞过程中消耗了少量 N、P 等营养物质。与有机物的去除比例为:BOD:N:P=100:5:1。混凝—沉淀—过滤是给水工程中净化地面水生产自来水的老三段工艺。借助这种净化流程主要是去除水中在二沉池里没有来得及沉淀下来的活性污泥碎片,使得二级处理水得到深度净化;可大幅度降低水中的 SS、BOD_5 和 COD 以及微生物数量;同时通过混凝沉淀可以大幅度除磷,即化学除磷;在滤池中,如果采用好气滤池,还可取得 NH_4^+-N 进一步硝化的效果,但总氮却得不到进一步去除。其污水再生全流程如图 6-1 所示。

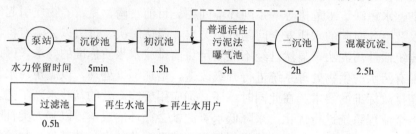

图 6-1　普通活性污泥法—混凝沉淀过滤污水再生全流程

(2) A^2/O 活性污泥法—混凝沉淀过滤污水再生全流程

在上述基本流程基础上,将二级生物处理工艺换成 A^2/O 同时除磷、脱氮工艺,即 A^2/O 工艺与混凝—沉淀—过滤物化深度处理相结合,如图 6-2 所示。本流程是为了在去除有机污染的同时,使 N、P 也都得到生物去除。但是理论上和实践上都很难达到预期目的。该流程生产的再生水,只有磷由于有混凝沉淀的化学除磷补充作用,可达排放标准,TN 仍然得不到深度去除,仍不能满足排放水一级 A 的目的。

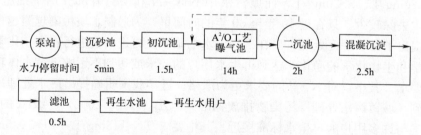

图 6-2　A^2/O 活性污泥法—混凝沉淀过滤污水再生全流程

(3) A/O 脱氮活性污泥法—混凝沉淀过滤污水再生全流程

在图 6-1 流程的基础上,将二级生化处理换成 A/O 内循环的脱氮工艺,即 A/O 脱氮工艺与混凝—沉淀—过滤物化深度处理相结合,如图 6-3 所示。该流程在生化处理中,可充分满足硝化菌和反硝化菌各自的生理代谢条件,可获较好的脱氮效果,二级出水含有较高的 P,可在深度处理中以化学方法去除。正确设计和良好运行的采用该流程的再生水厂的排放水 N、P 含量可满足一级 A 标准,或

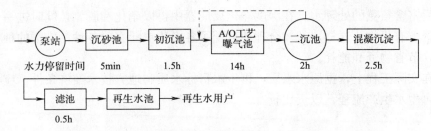

图 6-3 A/O 脱氮活性污泥法—混凝沉淀过滤污水再生全流程

达到各种用水对再生水水质的要求。

以上三种污水再生流程，是在人类社会污水处理程度逐步提高的历史中形成的。在 20 世纪 80 年代之前，人们并没有重视 N、P 对水体的污染，只注重去除有机污染的二级生物处理厂的建设。只是在近年来，由于水资源的紧缺，水环境污染严重，富营养化的严重趋势，才研究污水的再生，兴建深度处理厂。历史地形成了首先进行污水二级生化处理的建设，然后在二级处理水的基础上，再进行污水深度净化的设计。在设计之初就没有从原污水到再生水（或一级 A 排放水）净化全流程的通盘统一考虑。所以每个流程在各单元构筑物中污染物的去除种类和负荷都难免出现不合理、不经济甚至错误之处。

流程（1）至流程（3）的全流程水力停留时间，如图 6-1～图 6-3 所示分别为 11 小时 35 分，20 小时 35 分和 18 小时 35 分。所以流程（1）因曝气池停留时间短达不到硝化程度，建设费用最省，空气量也最省，但它只能除磷，NH_4^+-N 和总氮不能达标。流程（2）总水力停留时间达 20 小时 35 分比流程（1）长 9 个小时，所以建设费用昂贵，空气量大，而且总氮的去除效果也不理想，出水仍会超标。流程（3）总水力停留时间 18 小时 35 分比流程（1）长 6 个小时，空气量也需大量增加，但可取的是磷与总氮都能获得满意的去除效果。针对如何根据各种除污染物微生物的生理代谢特点，建立一个节能降排的污水再生全流程，既能满足再生水水质的要求，又能节省建设与运行费用，我们提出了污水再生全流程的概念。所谓污水再生全流程，就是针对从原污水水质到再生水水质，通盘统一设计污水一级处理、二级处理和深度净化全部流程，在全部处理净化流程中，各单元反应器和构筑物间合理分配去除污染物种类和负荷，在全净化过程中，以最经济的能量与资源消耗取得良好的再生水水质，满足用户和排放水体的需求。

比如，生物除磷是利用聚磷菌的特性，过量吸磷到细胞体内，然后通过剩余污泥排出污水处理体系之外而去除污水中磷的。这就要求高负荷的生物反应器，正好与分解有机物的异养菌在污泥龄和 SS-BOD 负荷上相近，就可以在降解有机物的二级处理中，也发挥聚磷菌的优势，取得有机物与磷一并去除的效果。二级处理后富含氨氮的处理水,在深度净化反应器中得以硝化和脱氮,同时进一步降解难降解有机物。这样,就较合理地分配了各净化单元去除各种污染物的种类和负荷,节省物资和能耗。

在实际工程上,据原水水质,再生水目标水质和地方技术经济条件,应设计多种再生水生产流程,以资比较。

6.2 污水生物除磷与脱氮机理

磷与氮的含量是再生水的主要指标,对污水中氮磷营养盐的去除是当前污水再生处理领域中研究的热点。

6.2.1 氮磷与水体污染

1. 磷及其化合物

磷是一种重要的化学元素,原子序数排在第15位,相对原子质量为30.9738。磷是许多化合物的基础,按照水体中的含磷化合物是否含有碳氢元素,可将其分为有机磷与无机磷两类。有机磷的存在形式主要有:磷肌酸,2-磷酸-甘油酸和葡萄糖-6-磷酸等,大多呈胶态和颗粒状;无机磷大都是以磷酸盐形式存在,主要包括正磷酸盐(PO_4^-)、偏磷酸盐(PO_3^-)、磷酸氢盐(HPO_{42}^-)、磷酸二氢盐($H_2PO_4^-$)、多磷酸盐或聚磷酸盐等。含磷化合物的总量称为总磷(total phosphor,TP),常以 P 或 PO_{43}^- 浓度计。

生活污水中的磷主要以磷酸盐形式存在,其中以含一个氢的磷酸氢盐(HPO_4^{2-})为主,无机磷含量约 7mg/L,或许还有少量的有机磷,水溶液中的正磷酸盐可以直接用于生物的新陈代谢。

2. 氮及其化合物

氮的原子序数为 7,原子量是 14.0067。氮在水中的溶解度较低,它是组成地球大气层的主要气体,约占空气体积分数的 78%。氮是所有生命组织体的主要营养要素,所有的有机物都需要氮,它是形成植物叶绿素分子的重要成分,是 DNA 和 RNA 的氮基,有助于构成 ATP,是构成蛋白质的所有氨基酸的主要组成部分。生命组织体的呼吸、生长和生殖都需要大量的氮。因此,可以毫不夸张地说,没有氮,就不存在生命。

在自然界,氮化合物是以有机体(动物蛋白、植物蛋白)、氨态氮(NH_4^+、NH_3)、亚硝酸盐氮(NO_2^-)、硝酸盐氮(NO_3^-)以及气态氮(N_2)形式存在的。在未经处理的新鲜生活污水中,含氮化合物存在的主要形式有:有机氮(蛋白质、氨基酸、尿素、胺类化合物、硝基化合物等)和氨态氮(NH_4^+、NH_3),一般以后者为主。在二级处理水中,氮则主要是以氨态氮、亚硝酸盐氮和硝酸盐氮等形式存在的。

各种形态氮之间的转换构成了氮循环,氮循环的过程主要包括四个作用,即固氮作用、氨化作用、硝化作用和反硝化作用。一般认为,在所有营养循环中,氮循环是最复杂的。由于人们还远没有很好地理解和认识氮循环,在社会生产活动中,就不可避免地干扰着氮循环的正常途径。

向环境中排放污水是人类干扰氮循环的一种重要形式。污水中含氮化合物包括:有机氮和氨氮、亚硝酸盐氮与硝酸盐氮等无机氮。四种含氮化合物的总量称为总氮(Total Nitrogen,TN,以 N 计)。一般来说,生活污水中无机氮约占总氮量的 60%,其中约 40% 为氨态氮。有机氮很不稳定,容易在微生物的作用下分解。在有氧条件下,先分解为氨氮,再分解为亚硝酸盐氮与硝酸盐氮;在无氧条件下,分解为氨氮。因此,一般把含氮化合物列在无机污染物中进行讨论。

凯氏氮(Kjeldahl nitrogen,KN)是有机氮与氨氮之和。凯氏氮指标可以用来作为污水生物处理时氮营养是否充足的判断依据。据报道,生活污水中凯氏氮含量约 40mg/L,其中,有机氮约 15mg/L,氨氮约 25mg/L。氨氮在污水中存在形式有游离状态氨(NH_3)与离子状态铵盐(NH_4^+)两种,故氨氮等于两者之和。污水进行生物处理时,氨氮不仅向微生物提供营养,还对污水的 pH 值起缓冲的作用。但氨氮过高时,如超过 160mg/L(以 N 计),对微生物的活性产生抑制作用。

3. 水体中磷、氮的污染

人类社会经济发展的同时,磷、氮的正常循环途径已经受到了人类生产活动的严重影响,随着含磷氮的污水不断向环境中排放,一系列影响恶劣的环境污染问题不断产生,其中,水体富营养化进程加速问题尤为突出。据报道,藻类同化 1kgP 将新增 111kg 的生物量,相当于同化 138kgCOD 所产生的生物量;同化 1kgN,会新增 16kg 的生物量,相当于同化 20kgCOD 所产生的生物量。由此可看出,极少量的磷、氮含量便会刺激藻类的大量繁殖,从而加速水体的富营养化进程。

人类对磷、氮循环的影响主要是通过城市污水、工业废水、化粪池渗出液的排放以及夹带着含磷、氮营养物质的农田径流等途径。随着人们生活水平的提高以及城市化进程的加快,在人类向自然环境排放的大量磷氮污染物中,城市污水已经成为水体磷氮污染的主要来源。

(1) 磷的危害

根据 1840 年 Justin Liebig 提出的 Liebig 最小定律(Liebig's law of the minimum),植物的生长应该依赖于存量最少的营养物质,也就是说,藻类的生长应该受限于最不易获得的营养物质。在所有营养物质中,只有磷无法从大气或天然水中获得。因此通常认为,磷是水体的限制性营养物质,磷的含量控制着藻类生长和水体的生产力。只要水体中溶解性磷超过 0.03mg/L,总磷超过 0.1mg/L,就可能发生富营养化。生活污水、农业排水和某些含磷工业废水排放到水体中，都可使受纳水体处于富营养化状态。

磷的主要危害在于它是藻类生长的重要营养盐。只要含磷量满足藻类生长的需求，藻类就会过量生长，藻类死亡后会变成细菌可分解的耗氧有机物，其耗氧量往往超过水体复氧量，因而造成鱼类死亡。磷的过度排放，能把干净清澈、氧气充足、没有气味的可以直接利用的水，变成浑浊、氧气缺乏、有恶臭气味甚至有毒有害的废水。

多磷酸盐是一些商业清洁制剂的组成物质，当被用于洗衣或清洁时，多磷酸盐就会转移到水体中，多磷酸盐在水溶液中可转化成正磷酸盐。20世纪70年代，美国湖里大量藻华和河里漂浮的泡沫引起人们的恐慌，经研究发现，洗衣粉中的多磷酸盐是一个主要因素。此外，有机磷酸盐主要在生物新陈代谢过程中形成，它们可由正磷酸形成或来自水生生物死亡尸体的腐败分解，同多磷酸盐一样，它们也可被生物转换成正磷酸盐。

(2) 氮的危害

大量未经处理或处理不当的各种含氮废水的任意排放会给环境造成严重危害，主要表现为如下几个方面。

1) 使水体产生富营养化现象

氮化合物与磷酸盐一样，也是植物性营养物，排放入湖泊、水库、海湾及其他缓流水体中，会促使水生植物旺盛生长，形成富营养化污染。低浓度 NH_3 和 NO_3^- 便可以导致藻类过量地生长。

2) 消耗水体中的氧气

NH_4^+ 转化为 NO_3^- 时会消耗水体中大量的溶解氧。

3) NH_3-N、NO_2-N 和 NO_3-N 有毒害作用

氨氮是水生植物的营养物质，同时也是水生动物的毒性物质。游离态的 NH_3 对鱼类有很强的毒性，当水中氨氮超过 1mg/L 时，会使水生生物血液结合氧能力降低；当超过 3mg/L 时，金鱼、鲈鱼、鳊鱼可于 24~96h 内死亡。另外，硝酸盐对人类健康有危害作用。长期饮用高浓度硝酸盐的水，会对人体健康产生危害。硝酸盐和亚硝酸盐能诱发高铁血红蛋白血症和胃癌，亚硝酸与胺作用生成亚硝胺，有致癌和致畸的作用。

4) 影响农作物正常生长

农业灌溉用水中，T-N 含量如超过 1mg/L，作物吸收过剩的氮，能够产生贪青、倒伏现象。

(3) 水体富营养化

富营养化（eutrophication）是水体分类和演化的一个自然过程，常指水体老化的自然现象。水体由贫营养演变成富营养，进而发展成沼泽地和旱

地，在自然条件下，这一历程可能需要上万年。当人类活动使沉积物和营养物质进入水体的速率增加时，天然富营养化过程会被加速进而形成人为富营养化（cultural eutrophication）过程。此种演变可发生在湖泊、近海、水库、水流速度较缓甚至较急的小溪和江河等水体。因此，水体富营养化可定义为一种湖泊、河流、水库等水体中磷氮等植物营养物质含量过多而引起的水质污染现象。

过去一般认为，富营养化仅发生在像湖泊、水库等水流速度十分缓慢的封闭或半封闭水体中，但20世纪70年代以来，在某些水浅的急流河段，由于生活废水和工业废水的大量排入，河床砾石上也大量生长着藻类，也开始出现明显的富营养化现象。

水体富营养化造成藻类过量繁殖是一个全球性的问题，我国许多湖泊水库富营养化污染都比较严重。自20世纪80年代以来，由于经济的急速发展和环境保护意识及措施的相对滞后，许多湖泊、水库已进入富营养化，甚至严重富营养化状态，如我国滇池、太湖、西湖、东湖、南湖、玄武湖、渤海湾、莱州湾、九龙江、黄浦江等。据1986～1989年中国第一次开展的大规模湖泊富营养化调查结果，全国26个主要湖泊、水库中92%的水体TP超过0.02mg/L，TN全部高于0.2mg/L。2000年对我国18个主要湖泊的调查表明，其中14个已进入富营养化状态。2003年，全国75%的湖泊出现了不同程度的富营养化，尤以巢湖、滇池、太湖为重；近岸海域Ⅳ类、劣Ⅴ类海水水质占30%，超标的污染物质主要是磷和氮，赤潮发生次数和面积也都明显增加。据2004年度《长江水资源公报》，在淀山湖、太湖、西湖、巢湖、甘棠湖、鄱阳湖、邛海、滇池、泸沽湖、程海等10个湖泊中，有1个湖泊处于贫营养状态，3个湖泊处于中营养状态，滇池、巢湖、甘棠湖、太湖、淀山湖、西湖6个湖泊处于富营养状态。2005年以来，太湖夏季出现了严重的蓝藻面积大幅南扩和东扩现象，基本覆盖了整个太湖。2007年5月，太湖富营养化再次加重，蓝藻又开始爆发，湖水像被绿漆染过一样，随风飘散的腥臭味令人发呕，并引起了无锡市城区的大批市民家中自来水水质恶化，变成了浊黄色，并伴有难闻的气味，无法正常饮用。

1990～1999年期间，我国近海累计发现赤潮200余起，平均每年20起。2002～2003年，我国近海已经发现赤潮303次，赤潮爆发频率急剧上升。其中2002年赤潮发生次数为79次，2003年更跃升为119次。赤潮爆发面积也大幅增长，近年来每年赤潮面积累计均超过10000km^2。2000年5月中旬浙江台州列岛海域爆发世界罕见的特大型赤潮，赤潮面积超过了5800km^2。1989～2003年我国近海海域赤潮发生频次情况如图6-4所示。

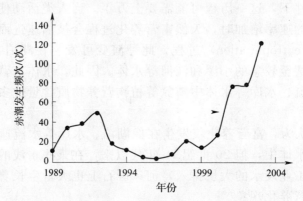

图 6-4　1989～2003 年我国近海海域赤潮发生频次

6.2.2　城市污水传统除磷脱氮理论

长期以来，城市污水的处理均是以传统活性污泥法为代表的好氧生物处理，以去除有机物和悬浮固体为目标，并不考虑对磷、氮等无机营养物质的去除，而只能去除微生物用于细胞合成的相应数量。根据 Holmers 提出的化学式，活性污泥的表达式为：

$$C_{118}H_{170}O_{51}N_{17}P$$

通常认为，活性污泥理想的营养平衡式是：

$$BOD：N：P=100：5：1$$

按照上述考虑，一般二级污水处理厂对磷氮的去除率都比较低。一般而言，城市污水经传统活性污泥法等二级处理后，BOD_5 去除率可达 90% 以上，除磷率为 20%～30%，脱氮率一般仅为 20%～50%；出水总磷含量为 1～5mg/L，总氮含量为 10～30mg/L。

1. 除磷

磷具有以固体形态和溶解形态相互循环转化的性能。污水除磷技术就是以磷的这种性能为基础而开发的。污水除磷技术主要包括化学除磷和生物除磷。

(1) 化学除磷

化学除磷，是指选择一种能与废水中的磷酸盐反应的化合物，形成不溶性的固体沉淀物，然后再从污水中分离出去。所有的聚磷酸盐在水中都可以逐渐水解形成正磷酸盐（PO_4^{3-}）。磷在污水中以磷酸氢盐（HPO_4^{2-}）为主。向水中投加氯化铁或硫酸铝（明矾）或氢氧化钙（熟石灰）形成磷酸盐沉淀，通过固液分离就可将水中磷除掉，化学反应方程式如下：

$$FeCl_3 + HPO_4^{2-} \longrightarrow FePO_4 \downarrow + H^+ + 3Cl^- \qquad (6-1)$$

$$Al_2(SO_4)_3 + 2HPO_4^{2-} \longrightarrow 2AlPO_4 \downarrow + 2H^+ + 3SO_4^{2-} \qquad (6-2)$$

$$5Ca^{2+} + 4OH^- + 3HPO_4^{2-} \longrightarrow Ca_5(OH)(PO_4)_3 + 3H_2O \qquad (6-3)$$

磷的沉淀需要一个反应池和一个沉淀池。如若使用氯化铁和明矾，则可以直接加到活性污泥系统的曝气池中，此时，曝气池便可兼作化学反应池，而沉淀物可在二沉池中去除。若使用熟石灰，会过大地提高了反应池的 pH 值，并形成过多的熟石灰残渣，对活性污泥微生物有害，故不能使用上述做法。在一般采用化学除磷的污水处理厂中，污水流入初沉池之前即添加氯化铁和明矾，可以提高初沉池的效率，但也可能将生物处理所需的营养物除去。

(2) 生物除磷

在厌氧—好氧活性污泥系统中，由于厌氧、好氧反复不断地变化，经常大量出现能在好氧条件下在体内贮存聚磷酸的细菌，称为聚合磷酸盐累积微生物（poly-phosphate accumulating organisms），简称聚磷菌（PAOs）。这类菌多是小型的革兰氏阴性短杆菌，属不动杆菌属，运动性很差。只能利用低分子有机物，增殖很慢。

生物除磷，就是利用聚磷菌一类的微生物，能够在数量上超过其生理需要的从外部环境过量地摄取磷，并将磷以聚合的形态贮藏在菌体内，形成富含磷的污泥，通过剩余污泥排出系统外，达到从污水中去除磷的效果。

1）厌氧条件下聚磷菌的释磷

在厌氧、好氧交替变化情况下，先于 PAOs 增殖的还有兼性厌氧菌（Aeromonas）。在没有溶解氧和硝态氮存在的厌氧状态下，兼性厌氧细菌将溶解性 BOD 转化成低分子挥发性脂肪酸（VFA）；而聚磷菌本来是好氧菌，在不利的厌氧条件下，利用聚磷水解及细胞内糖酵解获得能量，就吸收污水中这些低分子挥发性脂肪酸，并使之以 PHB（聚-β-羟基-丁酸）形式储存，这就同化了低分子有机物，因而与其他的好氧菌相比就占了优势。由于这个过程伴随着磷的释放，即所谓厌氧释磷。所以 PAOs 与兼性厌氧菌是单方获利的共生关系。

2）好氧条件下聚磷菌对磷的过量摄取

当聚磷菌在厌氧环境完成放磷储碳之后，进入好氧环境中，此时其细胞内储存的 PHB 以 O_2 为电子受体，被氧化而产生能量，用于磷的吸收和聚磷的合成，能量随之以聚磷酸高能磷酸键的形式储存，从而实现了磷的大量吸收。这种现象就是"磷的过量摄取"。

厌氧、好氧交替条件选择了聚磷菌 PAOs，激发了它的活性。这样，聚磷菌具有在厌氧条件下，释放 H_3PO_4；在好氧条件下，过量摄取 H_3PO_4 的功能。生物除磷技术就是利用聚磷菌这一功能而开创的。在活性污泥中一般都存在着相当数量的脱氮菌，在好氧条件下进行好氧呼吸代谢。但在缺氧条件下，遇到 NO_3^- 时，也能进行硝酸呼吸。它们具有高度的繁殖速度和同化多样基质的能力，在摄取基质上就直接与 Aeromonas 这样的兼性厌氧菌，也间接地与 PAOs 相竞争。所以在厌氧-好氧活性污泥法中，厌氧池里如有 NO_X^- 存在就妨碍了 PAOs 磷的释放活性。只有 NO_X^- 被还原之后，在既没有 NO_X^-，也没有溶解氧的完全厌氧条件下，磷的释放才能进行。聚磷菌在厌氧和好氧交替环境下的代谢如图 6-5 所示。

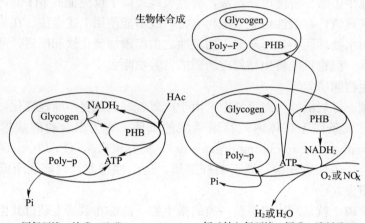

1. HAc-醋酸（COD） 2. Glycogen-糖肝 3. Poly-p-多聚磷酸盐 4. ATP-三磷酸腺苷
5. PHB-聚-β-羟基-丁酸酯 6. $NADH_2$-烟酰胺腺嘌呤二核苷酸（辅酶）

图 6-5 聚磷菌生物放磷、吸磷机理

2. 脱氮

氮的所有形式（NH_3、NH_4^+、NO_2^- 及 NO_3^-，但不包括 N_2）均可作为营养物质，为控制受纳水体中藻类的生长，需要从污水中将其去除。脱氮技术可分为化学脱氮和生物脱氮。

（1）化学脱氮

化学脱氮常采用氨气提（ammonia stripping）。

对于主要含氨氮的废水进行脱氮处理，可用化学方法提高水中的 pH 值，使水中的铵离子转变成氨，然后利用向水中曝气的物理作用，以气提方式使氨从水中逸出，从而得以去除。氨气提的化学方程式如下：

$$NH_4^+ + OH^- \rightleftharpoons NH_3 + H_2O \qquad (6-4)$$

该方法对硝酸盐没有去除效果，因此在活性污泥工艺操作时应维持较短的细胞停留时间，以免发生硝化作用。通常，可以向水中投加石灰以提供氢氧根离子。但是，石灰也会与空气和水中的 CO_2 反应形成碳酸钙沉淀，在水中必须定期清除。另外，低温将增加氨在水中的溶解度，从而降低气提能力。

（2）生物脱氮

生物脱氮是利用硝化细菌和反硝化细菌的硝化与反硝化作用来脱氮，故通常称其为硝化/反硝化（nitrification/denitrification）。

1) 生物脱氮原理

污水进入生化反应器后，含氮化合物在微生物的作用下，相继产生一系列反应。其总氮的变化有三条途径：一部分转化为 N_2，N_xO_y，NH_3 等氮的气体形态从反应器中逸入大气；另一部分被微生物通过同化作用吸取为新细胞物质，以剩余污泥的形式从污水中去除；余者则随出水排出。生物脱氮途径如图 6-6 所示。

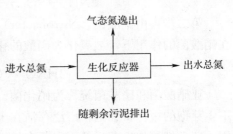

图 6-6　生物脱氮途径

按细胞干重计算，微生物细胞中氮的含量约为 12%，考虑到吸附等因素，以剩余污泥排放实现的脱氮量一般为 20% 左右。因此，为降低出水中氮的含量，把各种形态的氮转化为气体形态并排入大气是目前生物脱氮的主要途径。通常会涉及以下一系列过程：

$$有机氮 \xrightarrow{氨化菌} NH_4-N \xrightarrow{亚硝酸菌} NO_2-N \xrightarrow{硝酸菌} NO_3-N \xrightarrow{反硝化菌} N_2\uparrow, N_xO_y\uparrow \tag{6-5}$$

含氮化合物在水体中的转化可分为氨化过程和硝化过程两个阶段。氨化过程为第一阶段，含氮有机物如蛋白质、多肽、氨基酸和尿素等水解转化为无机氨氮；硝化过程为第二阶段，氨氮转化为亚硝酸盐与硝酸盐。两阶段转化反应都是在微生物作用下完成的。

A. 氨化过程

有机氮化合物，在氨化菌的作用下，分解、转化为氨态氮，这一过程称之为氨化反应。以蛋白质的转化为例，蛋白质是由多种氨基酸分子组成的复杂有机物，含有羟基与氨基，并由肽键（R-CONH-R'）链接。蛋白质的降解首先是在细菌分泌的水解酶的催化作用下，水解断开肽键，脱除羟基和氨基形成氨（NH_3），完成第一阶段的氨化过程。

氨化是一种普遍存在的生化作用，它的功能是把大分子的有机氮转化为氨氮。以氨基酸为例，其反应式为：

$$RCHNH_2COOH + O_2 \xrightarrow{氨化菌} RCOOH + CO_2 + NH_3 \tag{6-6}$$

几乎所有的异养型细菌都具有氨化功能，所以在脱氮工艺中氨化阶段的生化效率很高，通常不作为控制步骤考虑。

B. 硝化过程

氨氮氧化成硝酸盐的硝化反应是由两组自养型好氧微生物通过两个过程完成的。

第一步先由亚硝酸菌（Nitrosomonas）将氨态氮转化为亚硝酸盐。氨

(NH_3) 在亚硝酸菌的作用下，被氧化为亚硝酸的化学方程式见式 (6-7)。

$$2NH_3 + 3O_2 \xrightarrow{\text{亚硝酸菌}} 2HNO_2 + 2H_2O \tag{6-7}$$

第二步再由硝酸菌 (Nitrobacter) 将亚硝酸盐进一步氧化为硝酸盐。亚硝酸在硝酸菌的作用下，被氧化为硝酸的化学方程式见式 (6-8)。

$$2HNO_2 + O_2 \xrightarrow{\text{硝酸菌}} 2HNO_3 \tag{6-8}$$

亚硝酸菌和硝酸菌统称为硝化菌。硝化菌是化能自养菌，革兰氏染色阴性，不生芽孢的短杆状细菌，广泛存活在土壤中，在自然界的氮循环中起着重要的作用。这类细菌的生理活动不需要有机性营养物质，可从 CO_2 获取碳源，从无机物的氧化中获取能量。

硝化反应的总化学反应式为：

$$NH_4^+ + 2O_2 \xrightarrow{\text{硝化菌}} NO_3^- + H_2O + 2H^+ \tag{6-9}$$

如果采用 $C_5H_7NO_2$ 作为硝化菌的细胞组成，则硝化过程的化学计量方程可用下式表示：

$$55NH_4^+ + 76O_2 + 109HCO_3^- \xrightarrow{\text{亚硝酸菌}} C_5H_7NO_2 + 54NO_2^- + 57H_2O + 104H_2CO_3 \tag{6-10}$$

$$400NO_2^- + NH_4^+ + 4H_2CO_3 + 195O_2 + HCO_3^- \xrightarrow{\text{硝酸菌}} C_5H_7NO_2 + 400NO_3^- + 3H_2O \tag{6-11}$$

硝化反应的总方程为：

$$NH_4^+ + 1.86O_2 + 1.98HCO_3^- \xrightarrow{\text{硝化菌}} 0.021C_5H_7NO_2 + 0.98NO_3^- + 1.04H_2O + 1.88H_2CO_3 \tag{6-12}$$

根据上述方程式可知，转化 1g 氨氮可产生 0.146g 亚硝化菌和 0.02g 硝化菌，硝化菌的产率仅为亚硝化菌的 1/7。若不考虑硝化过程中硝化菌的增殖，则氧化 1g NH_4-N 为 NO_3-N 将消耗 7.14g 碱度（以 $CaCO_3$ 计）、4.57g 氧。

因此，若污水中碱度不足，硝化反应将导致 pH 下降，使反应速率降低。此外，还可以看出，硝化过程的需氧量是很大的。如果在污水二级处理中不加强对氨氮的去除，则其出水中氮需氧量 (nitrogenous oxygen demand, NOD) 占总需氧量 (total oxygen demand, TOD) 的比例可高达 71.3%，具体见表 6-1。

硝化处理对二级出水总需氧量的影响 表 6-1

参数	原始污水	二级处理水	硝化处理水
有机物 (BOD) (mg/L)	250	25	20
有机需氧量 (BOD) (mg/L)①	375	37	30
有机氮和氨氮/ (TKN) (mg/L)②	25	20	1.5

续表

参　　数	原始污水	二级处理水	硝化处理水
氮需氧量（NOD）（mg/L）③	115	92	7
总需氧量（TOD）（mg/L）	490	129	37
氮需氧量对总需氧量的贡献率（%）	23.5	71.3	18.9
有机需氧量去除率（%）	—	90	92
总需氧量去除率（%）	—	73.7	92.5

注：① 取有机物的1.5倍；② 总凯氏氮；③ 取TKN的4.6倍。

假如水体没有足够的稀释能力，传统二级处理出水排入水体后，氨氮的氧化反应将耗尽水体中的溶解氧。

硝化菌对环境的变化很敏感，为了使硝化反应正常进行，就必须保持硝化菌所需要的环境条件。

(a) 溶解氧

好氧条件，需要满足"硝化需氧量"的要求。氧是硝化反应过程中的电子受体，反应器内溶解氧高低，必将影响硝化反应的进程，在进行硝化反应的曝气池内，据实验结果证实，溶解氧含量不能低于1mg/L。由上述反应方程式可以看到，在硝化过程中，1mol氨氮氧化成硝酸氮，需2mol分子氧（O_2），即1g氮完成硝化反应，需4.57g氧，这个需氧量称为"硝化需氧量"（NOD）。

(b) pH值

硝化反应需要保持一定的碱度。硝化菌对pH值的变化非常敏感，最佳pH值是8.0~8.4。在这一最佳pH条件下，硝化速度，硝化菌最大的比增殖速度可达最大值。在硝化反应过程中，将释放出H^+离子，致使混合液H^+离子浓度增高，从而使pH值下降。硝化菌对pH值的变化十分敏感，为了保持适宜的pH值，应当在污水中保持足够的碱度，以保证对在反应过程中pH值的变化起到缓冲作用。一般来说，1g氨态氮（以N计）完全硝化，需碱度（以$CaCO_3$计）7.14g。如碱度不足，一般可以投加熟石灰（$Ca(OH)_2$）、纯碱（Na_2CO_3）等碱性物质。

(c) 有机物

混合液中有机物含量不应过高。硝化菌是自养型细菌，有机物浓度并不是它的生长限制因素；但若BOD浓度过高，会使增殖速度较高的异养型细菌迅速增殖，从而使自养型的硝化菌得不到优势，难以成为优势种属，硝化反应无法进行。故在硝化反应过程中，混合液中的含C有机物浓度不应过高，一般BOD_5值应在20mg/L以下。

(d) 温度

硝化反应的适宜温度是20~30℃，15℃以下时，硝化速度下降，5℃时完全停止。

(e) 生物固体平均停留时间（污泥龄，SRT）

为了使自养型硝化菌群能够在连续流反应器系统中存活，微生物在反应器内的停留时间 θ_c，必须大于它的最小世代时间，否则硝化菌的流失率将大于净增殖率，将使硝化菌从系统中流失殆尽。如硝化菌在 20℃时，其最小世代时间为 5d，当 θ_c < 5d 时，硝化菌就不可能在曝气池内大量繁殖，不能成为优势菌种，也就不能在曝气池内进行硝化反应。一般对 θ_c 的取值，至少应为硝化菌最小世代时间的 2 倍以上，即安全系数应大于 2。

(f) 重金属及有害物质

除重金属外，对硝化反应产生抑制作用的还有：高浓度的 $NH_4\text{-}N$、高浓度的 $NO_x\text{-}N$、有机物以及络合阳离子等物质。

C. 反硝化过程

反硝化反应是指硝酸氮（$NO_3\text{-}N$）和亚硝酸氮（$NO_2\text{-}N$）在反硝化菌的作用下，被还原为气态氮（N_2）的过程。水体中亏氧时，在反硝化菌的作用下，可以发生反硝化反应：

$$2NO_3^- + 有机碳 \xrightarrow{反硝化菌} N_2 + CO_2 + H_2O \tag{6-13}$$

反硝化反应主要是由兼性异养型细菌完成的生化过程。参与这一反应的细菌种类繁多，世代时间通常较短，广泛存在于水体、土壤以及污水生物处理系统中。在缺氧条件下，进行厌氧呼吸，以 $NO_3^-\text{-}N$ 为电子受体，以有机物（有机碳）为电子供体。在这种条件下，无法释放出更多的 ATP，故相应合成的细胞物质也就较少。

在反硝化反应过程中，硝酸氮通过反硝化菌的代谢活动，可能有两种转化途径，即：同化反硝化（合成），最终形成有机氮化合物，成为菌体的组成部分；另一为异化反硝化（分解），最终产物是气态氮。

当有分子态氧存在时，反硝化菌利用 O_2 作为最终电子受体，氧化分解有机物；当无分子氧时，他们利用硝酸盐或亚硝酸盐中正五价氮和正三价氮作为能量代谢中的电子受体，负二价氧作为受氢体生成 H_2O 和碱度 OH^-，有机物作为碳源和电子供体提供能量并得到氧化。反硝化过程还可以描述如下：

$$NO_2^- + 3[H] \longrightarrow 0.5N_2 + H_2O + OH^- \tag{6-14}$$

$$NO_3^- + 5[H] \longrightarrow 0.5N_2 + 2H_2O + OH^- \tag{6-15}$$

上述方程式表明，还原 $1gNO_2\text{-}N$ 或 $NO_3\text{-}N$ 分别需要作为氢供体的可生物降解 COD 1.71g 和 2.86g；还原 $1gNO_2\text{-}N$ 或 $NO_3\text{-}N$ 均可得到 3.57g 碱度，硝化过程消耗的碱度可以在这里得到部分补偿。

此外，反硝化菌是兼性菌，既可有氧呼吸也可无氧呼吸，当同时存在分子态氧和硝酸盐时，优先利用 O_2 进行有氧呼吸。所以为保证反硝化的顺利进行，通常需要保持缺氧状态。

影响反硝化反应的环境因素主要如下：

(a) 碳源

反硝化时需要有机物作为细菌的能源。脱氮消耗的 BOD 量 S_{RDN} 按下式计算。

$$S_{RDN} = 1.88 NO_3^- \tag{6-16}$$

式中，NO_3^- 为缺氧池 NO_3^- 的去除量。

细菌可从胞内或胞外获取有机物。在多阶段脱氮系统中，由于反硝化工艺中废水的 BOD 浓度已经相当低，为了进行反硝化作用，需添加有机碳源。一般认为，当污水 BOD_5/T-N 值>3～5 时，即可认为碳源充足，无需外加碳源。当污水中碳、氮比值过低，如 BOD_5/T-N 值<3～5 时，即需另投加有机碳源。能为反硝化菌所利用的碳源有许多，但是，从污水生物脱氮工艺来考虑，有机物质可从原污水或已沉淀过的废水中获得，也可添加合成物质如甲醇（CH_3OH）。

利用原污水或已沉淀过的污水，是比较理想和经济的，优于外加碳源。但它可能会增加出水 BOD 及氨氮含量，因而对水质有不利的影响。

外加碳源现多采用甲醇（CH_3OH），因为它被分解后的产物为 CO_2 和 H_2O，不留任何难于降解的中间产物，而且反硝化速率高，但处理成本高。

(b) pH 值

pH 值是反硝化反应的重要影响因素，对反硝化菌最适宜的 pH 值是 6.5～7.5，在这个 pH 值的条件下，反硝化速率最高；当 pH 值高于 8 或低于 6 时，反硝化速率将大为下降。

(c) 溶解氧

传统认为，反硝化菌是异养兼性厌氧菌，只有在无分子氧而同时存在硝酸和亚硝酸离子的条件下，它们才能够利用这些离子中的氧进行呼吸，使硝酸盐还原。如反应器内溶解氧较高，将使反硝化菌利用氧进行呼吸，抑制反硝化菌体内某些酶的合成，或者氧成为电子受体，阻碍硝酸氮的还原。但是，另一方面，在反硝化菌体内某些酶系统组分只有在有氧条件下，才能合成，这样，反硝化菌以在缺氧好氧交替的环境中生活为宜。

(d) 温度

反硝化反应的适宜温度是 20～40℃，低于 15℃时，反硝化菌的增殖速率降低，代谢速率也会降低，从而降低了反硝化速率。在冬季低温季节，为了保持一定的反硝化速率，应考虑提高反硝化反应系统的污泥龄（生物固体平均停留时间 θ_c），降低负荷率，提高污水的水力停留时间（HRT）。

6.3 厌氧—好氧活性污泥法脱氮除磷工艺

活性污泥法自 1917 年工程应用后的半个多世纪里，标准活性污泥法一直占据主要地位。长期以来人们从微生物的代谢机理出发，为维持好氧异养微生物的高度活性，努力维持生化反应池中的良好好氧状态。渐减曝气、分步流入、纯氧曝气等都是围绕着生化反应池中的溶解氧状况而开发的各种标准活性污泥法的变法。直到 20 世纪 70 年代，人们将厌氧状况应用到活性污泥法工艺中来，使好氧与厌氧工况在反应时空上反复周期的实现。这样就形成了厌氧—好氧活性污泥法。在厌氧—好氧活性污泥法中，不但可以去除含碳有机污染物，还可以脱氮和除磷，使往昔在三级处理中完成的去除营养物质的任务可以在二级处理中经济有效地完成。可以说这是当代活性污泥法的一大进步。

生化反应池中有充足的溶解氧供好氧菌代谢繁殖，这是好氧工况。如生化反应池中的溶解氧（DO）趋于零，广义上说就是厌氧状态。但还不能完全反映生化反应池中菌群的演替和代谢环境，因为除游离态 O_2 之外，还有结合态氧（如 NO_2^-、NO_3^-）可以作为氧化有机物的电子受体。于是，我们可以严格区分生化反应池中生化反应的氧化还原工况。

(1) 好氧工况——反应池中有充分的溶解氧，DO 应大于 0.5mg/L 之上。

(2) 厌氧工况——反应池中溶解氧趋近于零，结合态氧也趋近于零。

(3) 缺氧工况——反应池中溶解氧趋近于零，但存在着丰富的结合态氧，$NO_X^- > 5mg/L$。

6.3.1 厌氧—好氧（A/O）生物除磷工艺

1976 年 Barnard 提出了厌氧—好氧（Anaerobic-Oxic）除磷的典型工艺，简称 A/O 工艺，又称 Phoredox 工艺，由释磷的厌氧区、吸磷的好氧区以及污泥回流等系统组成，如图 6-7 所示。厌氧、好氧区 BOD 降解和 P 释放与过量吸收曲线如图 6-8 所示。

生物除磷是将污水中的磷以聚磷酸的形式贮存在污泥中，通过剩余污泥而从系统中去除。当剩余污泥遇到厌氧环境时，污泥中的聚磷酸将水解为正磷酸而释

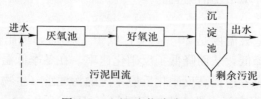

图 6-7　A/O 生物除磷工艺

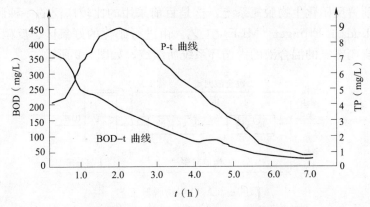

图 6-8　A/O 除磷工艺中 P、BOD 降解曲线

放到污水中。因此，污泥处理过程中所产生的回流污水中，磷含量比标准法高，可能恶化污水处理系统的除磷效果。因此，如何减少污泥处理所产生的回流污水中磷的含量，是厌氧—好氧除磷工艺稳定运行的重要环节。

从图 6-7 可见，本工艺流程简单，既不投药，也无需考虑内循环，因此，建设费用及运行费用都较低，而且由于无内循环的影响，厌氧反应器能够保持良好的厌氧状态。

A/O 除磷的流程与设计参数与标准法相似，除在生化反应池前段设一厌氧段，取消曝气管改为水中搅拌混合之外，没有更多的变化。其设计 BOD-SS 负荷可采用与标准法相同的数值 0.2～0.5kgBOD/kgMLSS，进水适宜的 TP/BOD 比值为 0.05 以下。其好氧段也只完成有机物的降解，不要求达到硝化的程度，需氧量的计算公式与标准法相同。在厌氧段中降解了部分有机物，好氧段的有机负荷减少，需氧量也随之降低，因此该系统较标准法是节能的。本工艺产生的剩余污泥量稍高于标准法，但其污泥的沉降性能好，含水率低，所产生的污泥体积反而比标准法要小。

该工艺省能，并有抑制丝状菌增殖的作用。在去除有机物的同时又可生物除磷。其技术经济指标优于标准活性污泥法。可以预言 A/O 除磷工艺将取代标准活性污泥法而被广泛应用。另外，应用厌氧/好氧原理生物除磷的工艺还有 Phostrip、氧化沟、SBR 和 A^2O 等工艺。

近年来，一些新的研究表明，自然界中还存在着新的磷元素生物转化途径，如反硝化除磷等。

6.3.2　缺氧—好氧（A/O）生物脱氮工艺

A/O 生物脱氮工艺，是指缺氧—好氧（Anoxic-Oxic）工艺，是在 20 世纪 80 年代初开创的工艺流程。其主要特点是将反硝化反应器放置在系统之首，故又称之为前置反硝化生物脱氮系统，这是目前采用的比较广泛的一种脱氮工艺，是改进的Ludzak-Ettinger（MLE）工艺。由进行硝化的好氧区、反硝化的缺氧区以及富含硝态氮的混合液的内循环系统所组成，如图6-9所示。

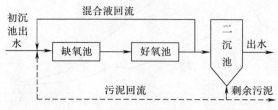

图6-9 A/O生物脱氮工艺

脱氮效率影响因素与主要运行参数如下：

(1) 水力停留时间

试验与运行数据证实，硝化反应与反硝化反应进行的时间对脱氮效果有一定的影响。在混合液MLSS浓度3000mg/L的条件下，为了取得70%～80%的脱氮率，硝化反应需时较长，一般不应低于6h，而反硝化反应所需时间则较短，在2h之内即可完成。硝化与反硝化的水力停留时间比以3:1为宜。

(2) 循环比（R）

内循环回流的作用是向反硝化反应器提供硝酸氮，作为反硝化反应的电子受体，从而达到脱氮的目的。内循环回流比不仅影响脱氮效果，而且也影响本工艺系统的动力消耗，是一项非常重要的参数。如好氧区完全硝化，不计细胞的同化作用，脱氮率τ_N与循环比R的定量关系为：

$$\tau_N = \frac{R}{1+R} \tag{6-17}$$

(3) MLSS值

反应器内的MLSS值，一般应在3000mg/L以上，低于此值，脱氮效果将显著降低。

(4) 污泥龄SRT（生物固体平均停留时间）

影响硝化的主要因素是硝化菌的存活并占有一定优势。硝化菌与异养微生物相比，世代时间很长，增殖很慢，其最小比增长速率为0.21/d，而异养菌的最小比增长速率为1.2/d，相差甚远。在标准活性污泥法系统中，硝化菌难以存活。只有采取较低的BOD-SS负荷和较长的污泥龄，才能使硝化菌在混合微生物系统中占有一定优势，一般泥龄取值在10d以上，以保证在硝化反应器内保持足够数量的硝化菌。

传统的硝化－反硝化生物脱氮工艺在废水脱氮领域曾起到了非常积极的作用。但由于工艺的自身特点，生化反应时间长，硝化阶段能耗巨大，反硝化阶段碳源需求量高。近年来,一些新的研究表明,自然界中存在着多种新的氮素转化途径,如短程硝化/反硝化和厌氧氨氧化等。

6.3.3 厌氧—缺氧—好氧（A²/O）生物脱氮除磷工艺

生物除磷需要在好氧、厌氧交替的环境下才能完成除磷。生物脱氮包括硝化作用和反硝化作用,分别需要在好氧、缺氧两种条件下进行。因此,要达到同时除磷脱氮目的,就必须创造微生物需要的好氧、缺氧、厌氧三种生理环境。

A²/O工艺,亦称A—A—O工艺,是英文Anaerobic-Anoxic-Oxic首字母的简称。按实质意义来说,本工艺称为厌氧—缺氧—好氧法更为确切,其工艺流程示意图如图6-10所示。

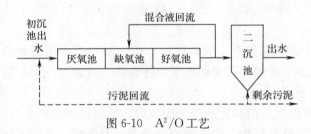

图 6-10　A²/O工艺

各反应器单元功能与工艺特征如下:

(1) 厌氧反应器

接受原污水进入,同步进入的还有从二沉池排出的富含聚磷菌回流污泥,在厌氧条件下充分释磷,同时消耗了部分有机物。

(2) 缺氧反应器

污水经过厌氧反应器进入缺氧反应器,同时通过硝化液回流带来大量NO_3^-,脱氮菌以NO_3^-为电子受体,有机物为电子供体,进行硝酸呼吸,完成了脱氮作用。消化液回流量一般为原污水的两倍以上。

(3) 好氧反应器

混合液从缺氧反应器进入好氧反应器,这一反应器单元是多功能的。好氧的异养菌、硝化菌和聚磷菌各尽其职,分别进行有机物的降解、NH_4^+-N硝化和磷的大量吸收。混合液排至二沉池。同时部分富含NO_3^--N的混合液回流至缺氧反应器。

(4) 二沉池

二沉池的功能是泥水分离,污泥的一部分回流至厌氧反应器,上清液作为处理水排放。

本工艺具有以下各项特点:

1) 在厌氧（缺氧）、好氧交替运行条件下,丝状菌不能大量增殖,无污泥膨胀问题，SVI 值一般均小于 100。

2) 污泥中含磷浓度高，具有很高的肥效。

3) 运行中无需投药，两个 A 段只用轻缓搅拌，以不增加溶解氧为度，运行费用低。

该工艺系统本身存在着如下固有矛盾：

1) 脱氮的前提是完全硝化，生化反应池的 BOD-SS 负荷必须很低；生物除磷是通过排出富磷的剩余污泥而实现的，需要相当高的 BOD-SS 负荷；这是一个尖锐的矛盾，使 A^2/O 工艺的有机负荷范围很狭小。硝化脱氮系统 BOD-SS 负荷应小于 0.18kgBOD/kgMLSS·d，生物除磷系统 BOD-SS 负荷应大于 0.1kg BOD/kgMLSS·d。所以生物脱氮除磷系统的 BOD-SS 负荷应为 0.1~0.18kgBOD/kgMLSS·d 之间。据试验数据 0.14kgBOD/kgMLSS·d 为最宜。

2) 原污水中的碳源在进入厌氧段后，首先被聚磷菌所吸收合成胞内 PHB，到了缺氧段就减少了反硝化需要的电子供体碳源。或者说反硝化菌与聚磷菌间存在着争夺碳源的矛盾。

3) 回流污泥将大量的硝化液带入厌氧段，给脱氮菌创造了良好的代谢条件。与聚磷菌争夺溶解性有机物，势必影响聚磷菌对胞内聚磷酸的水解和释放。

基于以上原因，世界各地 A^2/O 工艺的水厂运行中，往往难以达到预想的效果。为此出现了 UCT、改良 UCT 和 VIP 工艺，试图削弱或切断回流污泥中的硝酸盐对聚磷菌释磷的影响，但解决不了碳源争夺和 BOD 污泥负荷固有矛盾的根本问题。

6.3.4 UCT 工艺、改良 UCT 工艺及 VIP 工艺

为了减少硝酸盐对厌氧反应器的干扰，提高磷的释放量，南非开普敦大学 (University of Cape Town) 提出了 UCT 工艺，如图 6-11 所示。

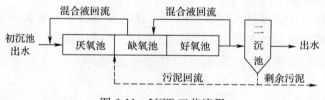

图 6-11 UCT 工艺流程

UCT 工艺将 A^2/O 工艺中的污泥回流由厌氧区改到缺氧区，使污泥经反硝化后再回流至厌氧区，减少了回流污泥中硝酸盐和溶解氧含量。与 A^2/O 工艺相比，UCT 工艺在适当的 TKN/COD 比例下，缺氧区的反硝化可使厌氧区回流混合液中硝酸盐含量接近于零。

当进水 TKN/COD 较高时,缺氧区无法实现完全的脱氮,仍有部分硝酸盐进入厌氧区,因此又产生改良 UCT 工艺—MUCT 工艺(图 6-12)。MUCT 工艺有两个缺氧池,前一个接收二沉池回流污泥,后一个接收好氧区硝化混合液,使污泥的脱氮与混合液的脱氮完全分开,进一步减少硝酸盐进入厌氧区的可能。当 UCT 工艺作为阶段反应器在水力停留时间较短和低泥龄下运行时在美国被称为 VIP(Virgina Initiative Process)工艺。

图 6-12 改良的 UCT 工艺流程

6.3.5 短程硝化/反硝化工艺

短程硝化反硝化工艺是把硝化反应过程控制在氨氧化产生 NO_2^- 的阶段,阻止 NO_2^- 的进一步氧化,直接以 NO_2^- 作为菌体呼吸链氢受体进行反硝化,可实现 O_2 和 COD 的双重节约。

1975 年,Voets 等进行了经 NO_2^--N 途径处理高浓度氨氮废水的研究,发现了硝化过程中 NO_2^--N 积累的现象,并首次提出了亚硝化/反硝化(shortcut nitrification/denitrification)生物脱氮的概念。1986 年 Sutherson 等由小试研究证实了经 NO_2^--N 途径进行生物脱氮的可行性。

将 NH_4^+ 氧化控制在 NO_2^- 阶段,阻止 NO_2^- 的进一步氧化,是实现短程硝化反硝化的关键,同时其控制因素也相当复杂。因此,如何持久稳定地维持较高浓度的 NO_2^- 积累成为研究的热点和重点。硝化过程是由两类微生物共同完成的,要想实现短程硝化,就必须利用这两类微生物的生理学差异,采取必要措施抑制或淘汰反应器中的亚硝酸盐氧化细菌,从而达到控制短程硝化/反硝化脱氮的目的。影响 NO_2^- 积累的因素主要有温度、溶解氧(DO)、pH 值、游离氨(FA)、游离羟胺(FH)、水力负荷、有害物质、污泥龄以及生物群体所处的微环境等等。研究表明,可以通过以上单一因素或者多个因素的控制,在反应器中成功地实现短程硝化/反硝化,例如已经成功应用于生产实践的 Sharon 工艺。综合以上控制因素,能在一定时间内控制硝化处于亚硝酸阶段的途径较常见的有四种:纯种分离与固定化技术、温度控制的分选、游离氨的选择性抑制和基质缺乏竞争。

在以上亚硝化控制途径中,对于常温、低氨氮基质浓度的城市生活污水而言,较为引人注目和可行的是基质缺乏竞争途径。硝化反应是一个双基质限制反应,除氨氮外,溶解氧(DO)也是好氧氨氧化菌代谢的必要底物。根据 Bernat 所提出的基质缺乏竞争学说,由于氨氧化菌的氧饱和常数($K_N=0.2\sim0.4$)低于亚硝酸氧化细菌的氧饱和常数($K_N=1.2\sim1.5$),低溶解氧浓度下,氨氧化菌和亚硝酸氧化细菌的增殖速率均下降。当 DO 为 0.5mg/L 时,氨氧化菌增殖速率为正常值的 60%,而亚硝酸氧化菌的增殖速率不超过正常值的 30%,对提高氨氧化菌的竞争力有利,利用这两类细菌的动力学特性的差异可以在活性污泥或生物膜上达到淘汰亚硝酸氧化细菌的目的。可见,通过控制低溶解氧(DO)不但意味着曝气量和运行能耗的极大节约,而且可以获得较高的亚硝酸盐积累,对于处理城市生活污水的亚硝化工艺而言可谓是最佳途径。

短程硝化/反硝化反应方程式如下:

$$\text{硝化:} 2NH_4^+ + 3O_2 \xrightarrow{\text{亚硝酸菌}} 2NO_2^- + 2H_2O + 4H^+ \quad (6\text{-}18)$$

$$\text{反硝化:} 2NH_2^- + 8H^+ \xrightarrow{\text{反硝化菌}} N_2 + 4H_2O \quad (6\text{-}19)$$

与传统工艺中的硝化过程需要将 NH_4^+-N 完全氧化为 NO_3^--N 相比,亚硝化过程只需将 NH_4^+-N 氧化为 NO_2^--N。$1mol NH_4^+-N$ 氧化为 NO_2^--N 需要 $1.5mol\ O_2$,而氧化为 NO_3^--N 则需 $2.0mol\ O_2$。因此,亚硝化比完全硝化可以节省 25% 的供氧量,其经济效益显著。短程硝化/反硝化具有以下优点:

(1) 硝化阶段可减少 25% 左右的需氧量,降低了能耗;
(2) 反硝化阶段可减少 40% 左右的有机碳源,降低了运行费用;
(3) 缩短了反应时间,反应器容积可减少 30%~40% 左右;
(4) 提高了反硝化速率,NO_2^- 的反硝化速率通常比 NO_3^- 高 63% 左右;
(5) 降低了污泥产量,硝化过程可少产污泥 33%~35% 左右,反硝化过程可少产污泥 55% 左右。

6.3.6 同时硝化—反硝化(SND)工艺

同时硝化—反硝化(simultaneous nitrification denitrification,简称 SND)工艺是指硝化与反硝化反应同时在同一反应器中完成。这个工艺技术的开发充分利用了反应器供氧不均匀的客观现象以及微环境理论,控制系统中生物膜、微生物絮体的结构及 DO 浓度,形成污泥絮体或生物膜微环境的缺氧状态,实现硝化与反硝化的反应动力学平衡。SND 工艺明显具有缩短反应时间,节省反应器体积,不需补充硝化池碱度,简化工艺降低成本等优点。

目前,对 SND 生物脱氮技术的研究主要集中在氧化沟、生物转盘、间歇式曝气反应器等系统。然而,SND 生物脱氮的机理还需进一步地加深认识和了解,但已初步形成了三种解释:即宏观环境解释、微环境理论解释和生物学解释。

宏观环境解释认为，由于生物反应器的混合形态不均，生物反应器的大环境内，即宏观环境内形成缺氧或厌氧段。

微环境理论则从物理学角度认为由于氧扩散的限制，在微生物絮体或生物膜内产生 DO 梯度，从而导致污泥絮体或生物膜微环境中的缺氧（厌氧）状态，实现 SND 过程。目前该种解释已被普遍接受，因此控制 DO 浓度及微生物絮体或生物膜的结构是能否进行 SND 的关键。

生物学解释有别于传统理论，近年来好氧反硝化菌和异养硝化菌的发现，以及好氧反硝化、异养硝化、自养反硝化等研究的进展，为 SND 现象提供了生物学依据。从而使得 SND 生物脱氮有广阔的应用前景。

6.4 反硝化除磷工艺

6.4.1 反硝化除磷机理

1978 年 Osborn 和 Nicholls 在硝酸盐异化还原过程中观测到磷的快速吸收现象，这表明某些反硝化细菌也能超量吸磷。Lotter 和 Murphy 观测了生物除磷系统中假单细胞菌属和气单细胞菌属的增长情况，发现这类细菌和不动细菌属的某些细菌能在生物脱氮系统的缺氧区完成反硝化反应。1993 年荷兰 Delft 大学的 Kuba 在试验中观察到：在厌氧/好氧交替的运行条件下，易富集一类兼有反硝化作用和除磷作用的兼性厌氧微生物，该微生物能利用 O_2 或 NO_3^- 作为电子受体，且其基于胞内 PHB（Poly—β—hydroxybutyrate，聚 β—羟基丁酸酯）和糖原质的生物代谢作用与传统 A/O 法中的聚磷菌（PAOs）相似，称为反硝化聚磷菌（denitrifying polyphosphate accumulating microorganisms，简称 DPAOs）。针对此现象研究者们提出了两种假说来进行解释。

(1) 除磷菌由两种不同菌属组成

反硝化除磷菌（DPAOs）能以 O_2 和 NO_3^- 为电子受体，在好氧和缺氧条件下吸收多聚磷酸盐；好氧除磷菌（APAOs）仅能以 O_2 为电子受体，在缺氧下因缺乏反硝化能力而不能吸收多聚磷酸盐。

(2) 只存在一种除磷菌

反硝化活性能否表现及其反应水平取决于污泥所经历的环境，即只要给 PAOs 创造特定的环境，从而诱导出其体内反硝化酶的活性，那么其反硝化能力就表现出来。

反硝化除磷菌的发现，缓解了脱氮菌与聚磷菌对碳源基质的竞争。DPAOs 可以 NO_3^- 为电子受体，利用体内储存的 PHB 同时除磷反硝化，实现了一碳两用，部分解决了除磷菌和脱氮菌之间对碳源的竞争；另外，还可以减少好氧区

PAOs 对 O_2 的需求,因而能节省好氧区的曝气量,同时也使好氧池的体积得到降低。对 DPAOs 的特点研究表明:① DPAOs 易在厌氧/缺氧序批反应器中积累;② DPAOs 在传统除磷系统中大量存在;③ DPAOs 与完全好氧的聚磷菌相比,有相似过量摄磷潜力和对细胞内有机物质(如 PHB)、糖肝的降解能力,不同的是 DPAOs 所利用的电子受体是 NO_x^- 而不是 O_2,详见图 6-5。

反硝化聚磷菌的发现给脱氮除磷提出了新的工艺。

6.4.2 反硝化除磷工艺的研究进展

如前所述传统的生物脱氮除磷工艺中存在着难以解决的弊端,无论是针对硝酸盐氮的影响还是针对碳源不足问题对除磷系统所作的改进,都只能部分缓减脱氮和除磷之间的矛盾,无法从根本上解决其固有矛盾。反硝化除磷理论的发现和提出为污水同步脱氮除磷提供了新的思路。

事实上,反硝化吸磷现象是广泛存在的,可以说在前述各除磷脱氮工艺中都或多或少有反硝化除磷现象的存在,只不过当时没有被人们发现和重视,从而在工艺运行方式上没有创造 DPAOs 适宜生存环境诱导其反硝化过量吸磷而已。有研究表明,厌氧/缺氧或厌氧/缺氧/好氧交替环境,适合 DPAOs 生长。目前应用到反硝化除磷理论的工艺,按照消化液回流的方向划分为前置反硝化和后置反硝化系统;按照污泥系统划分为单污泥系统和双污泥系统。下面按照污泥系统的划分方式,介绍现有反硝化除磷工艺。

(1) 单污泥系统

所谓单污泥系统是指,聚磷菌、硝化菌及异养菌同时存在于一个污泥体系中,顺序经历厌氧、缺氧和好氧三种环境,通过体系内的内循环来达到脱氮除磷的目的。如 A^2/O 工艺、UCT 工艺、改良 UCT 工艺及五段 Bardenpho 工艺等均属于单污泥系统。这些工艺设计上虽然以好氧除磷为主,但在实际运行中发现在缺氧段均有反硝化除磷现象的发生。但是对于单污泥系统,若想实现 DPAOs 的富集,必须满足以下条件:

1) 厌氧段——进水中无 NO_3^-、O_2;

2) 好氧段——硝化菌的最大 NO_3^- 产生量,最小吸磷量(即 PHB 最小好氧氧化);

3) 缺氧段——完全吸磷和 NO_3^- 的利用。

硝化较长时间的曝气不利于反硝化除磷菌的生长,胞内的 PHB 在长时间的曝气下会被氧化,导致反硝化聚磷可利用的内碳源减少。针对这一现象,在工程实践中为了最大程度地从工艺角度创造适宜 DPAOs 富集的条件,荷兰 Delft 工业大学在 UCT 工艺基础上开发一种改良新工艺——BCFS 工艺。如图 6-13 所示,该工艺已在荷兰 10 座升级或新建污水处理厂中实践应用。

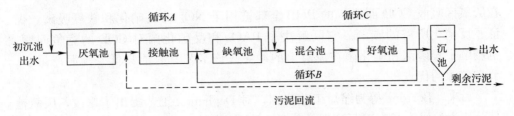

图 6-13　BCFS 工艺

BCFS 工艺由厌氧池、接触选择池、缺氧池、混合池及好氧池等五个功能相对专一的反应器组成，通过反应器之间的三个循环来优化各反应器内细菌的生存环境，其最大的优点就是能保持稳定的处理水水质，使出水 TP$\leqslant$0.2mg/L，TN$\leqslant$5mg/L。

从流程上看，BCFS 的工艺特点是在主流线上较 UCT 工艺增加了两个反应池。第一个增加的反应池是介于 UCT 工艺厌氧与缺氧池中间的接触池。增加的第二个反应池是介于缺氧池与好氧池之间的混合池。富含 NO_3^- 的硝化液回流到缺氧池和混合池，刺激 DPAOs，使其充分发挥反硝化潜力；同时使进入好氧段的 PHB 最小，因为大部分 PHB 已经在缺氧段被 DPAOs 利用，并且好氧段进水中含磷量最小。该流程有助于 COD（PHB）首先被 DPAOs 利用，使好氧氧化量最小。缩小好氧时间，刺激 DPAOs 的代谢。

(2) 双污泥系统

所谓双污泥系统是指 DPAOs 和硝化菌独立存在于不同的反应器中，通过系统内硝化污泥和反硝化除磷污泥分别回流，来实现氮和磷的同步去除。可以说，双污泥系统纯粹是应反硝化除磷理论而生的一种新型除磷脱氮工艺。

Wanner 在 1992 年首次提出 Dephanox 双污泥反硝化脱氮除磷工艺模型，工艺流程如图 6-14 所示。污水进入厌氧池后，回流污泥中的反硝化聚磷菌在释磷的同时，将进水中的 COD 转化为 PHB 等内碳源贮存在体内；经过中间沉淀池泥水分离后，上清液进入固定膜反应器进行硝化，污泥超越硝化单元直接进入缺氧池并与硝化池的出水混合进行反硝化吸磷；随后污泥混合液在好氧池内短时曝气去除多余的磷和吹脱氮气防止污泥上浮；经过终沉池后一部分污泥回流至厌氧池，一部分直接排放。该工艺对于有机物的利用非常有效，DPAOs

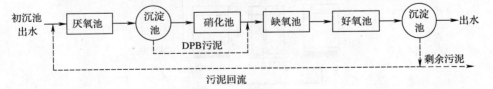

图 6-14　Dephanox 工艺流程

在厌氧区吸收 COD 而形成的 PHB 全部被用于 NO_3^- 的反硝化和缺氧吸磷，保证了反硝化所需的碳源。它既解决了 PAOs 和反硝化菌对 COD 的竞争问题，也缓解了聚磷菌和硝化菌在泥龄上的冲突。该工艺具有能耗低、污泥产量少、节省碳源的优点。

后来，Bortone 等为缩短工艺流程，对 Dephanox 工艺提出了修改，厌氧池部分改为类似于 UASB 反应器的装置，从而将第一个沉淀池节省掉。

Kuba 等在 Wanner 工艺思想的基础上提出了 A^2N 双污泥反硝化除磷工艺模型，如图 6-15 所示。该工艺与 Wanner 工艺的主要区别在于：A^2N 工艺硝化段采用的是活性污泥法，而 Wanner 工艺采用的是生物膜法。

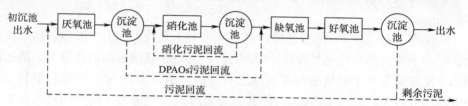

图 6-15　A^2N 双污泥反硝化除磷工艺流程

A^2N 工艺还有一种以 SBR 形式运行的方式，即通常所说的 A^2NSBR 工艺。该工艺和 A^2N 工艺无论从原理上还是从流程上都基本一致，反硝化聚磷菌和硝化菌分别在两个 SBR 反应器中独自生长，通过上清液的交换实现在 A^2NSBR 反应器中的脱氮除磷，工艺流程如图 6-16 所示。Kuba 等人通过 A^2NSBR 工艺的研究发现 A^2N 适合处理低 C/N 比的污水，验证了 A^2N 工艺的可行性，并进一步指出与单污泥工艺相比，双污泥工艺有更好的去除效果。

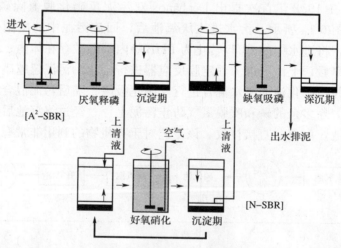

图 6-16　A^2NSBR 工艺流程

目前基于反硝化除磷理论基础上的双污泥反硝化除磷工艺还多处于实验室研究阶段，还没有工程实例。实践中发现双污泥系统本身也存在着很多问题，亟需进一步的改进。

6.4.3 生物除磷的影响因素

生物除磷工艺是目前广泛接受和认可的最经济有效的除磷工艺，该工艺要求厌氧段/好氧段交替运行，以富集聚磷菌（PAOs）。但是不少文献都曾报道过即使在有利于生物除磷系统运行的条件下（如厌氧段无硝酸盐氮，钾、镁等离子不缺乏，好氧池无过度曝气等），也会发生系统除磷效果较差或完全没有除磷的现象。近来的研究表明，导致上述现象产生的原因是由于系统中存在的另一类重要微生物聚糖菌（GAOs）占优势造成的。GAOs 能在厌氧阶段吸收污水中的有机物并合成 PHB，但不释放磷；在好氧阶段分解 PHB，合成糖原而不聚集磷。由于在生物除磷系统中厌氧区 VFAs 的数量有限，若 GAOs 在厌氧区利用的 VFAs 比例增加，则供 PAOs 可利用的 VFAs 数量将会减少，从而导致整个系统除磷效率下降。因而如何有效控制 GAOs，确立不利于 GAOs 的生长环境，但同时又不影响 PAOs 的生长和对碳源的利用，使 PAOs 在与 GAOs 的竞争中取得优势地位，从而提高生物除磷系统运行的稳定性和磷的处理效率，已成为众多研究者关注的热点。

目前，国内外关于 GAOs 与 PAOs 相互竞争的影响因素研究主要集中在以下几个方面。

(1) C/P 的影响

研究发现，进水有机碳浓度与磷浓度（COD/P）之比是影响 PAOs 与 GAOs 竞争的一个关键因素。在高 COD/P（>50mgCOD/mgP）时，污泥中富含 GAOs；而低 COD/P（10～20mgCOD/mgP）时，PAOs 占主导地位。

(2) 碳源的影响

研究表明碳源种类（VFAs 和非 VFAs）是影响 PAOs 与 GAOs 竞争的关键因素。生活污水中的 VFAs 主要是乙酸和丙酸，还有少量的丁酸、戊酸等。VFAs 作为 PHB 生物合成的底物，在生物除磷系统中起着关键的作用。生活污水中的非挥发酸主要是氨基酸和糖类等，研究发现其中一部分可以被 PAOs 与 GAOs 利用。

目前实验室规模的生物除磷系统大都是采用乙酸作为唯一碳源展开研究的，大多数系统都获得了稳定良好的除磷效果，但是在相似的运行条件下也有很多相反的报道。GAOs 对 PAOs 的竞争作用被认为是造成以乙酸作为碳源的生物除磷系统恶化的根源。近年来研究者们发现，丙酸可能是比乙酸更适宜的除磷碳源。Thomas 等发现在生物除磷水厂的厌氧发酵段投加糖蜜显著增加进水中丙酸的含量，相比于直接投加乙酸，获得了更好的除磷效果。很多研究者也发现以丙酸为碳源的生物除磷系统的长期除磷效果要优于乙酸。相比于乙酸，丙酸作为碳源使 PAOs 在与 GAOs 的竞争中更占优势。进而又有人发现采用乙酸与丙酸混合碳源可获得与单碳源相比更好的除磷效果，可使 PAOs 占有更大的竞争优势。关于混合碳源对 PAOs 与 GAOs 竞争的影响，仍需进一步的研究。

葡萄糖是除乙酸外最被广泛应用的碳源。但关于葡萄糖作碳源的生物除磷研究存在着一些争议，有的研究者认为葡萄糖作唯一碳源会使生物除磷系统失效，而另一些人的试验研究却表明，在实验室条件下，葡萄糖作为生物除磷的唯一碳源是可行的。

(3) pH 的影响

Filipe 等人曾通过试验研究发现：随着厌氧区混合液 pH 升高，GAOs 对乙酸的吸收速率显著下降，而 pH 的波动（在 6.5~8.0 之间）对 PAOs 而言，其乙酸吸收速率几乎不受任何影响；当厌氧区 pH<7.25 时，GAOs 的乙酸吸收速率比 PAOs 快，在 pH=7.25 时，两类微生物的乙酸吸收速率相等，当 pH 提高到 7.5 时，磷的去除率显著提高；在整个系统（厌氧区－好氧区）的 pH 均维持在 7.25 以上时，则可实现磷的完全去除。可见，随着厌氧区 pH 的升高，PAOs 对 GAOs 逐渐具有竞争优势。Bond 等人也曾在实验室的研究中发现了上述类似的现象。其他的一些学者以不同基质在不同 pH 条件下也得出了相同的规律。

(4) 温度的影响

在过去 20 年里，有关学者曾就温度对强化生物除磷系统的处理率以及动力学参数进行了广泛的研究，但所得结论相互矛盾。早期的文献曾报道在温度 5~24℃范围内，较低温度时的除磷效率要比较高温度时的处理率要高。而 McClintock 等人报道了相反的结果。有关学者同时又指出在强化生物除磷系统中，如果其生物群落不变，则其反应速率将随温度降低而变慢。为了探究先前有关报道所出现的相互矛盾的结果，Erdal 等人通过一组实验室规模的 UCT 工艺进行温度对 PAOs 与 GAOs 竞争影响的研究，发现随着温度的降低，短期温度效应使系统的除磷效率下降，在温度达到 5℃时，一开始几乎没有观测到磷的去除，而当系统在 5℃稳定之后，系统磷的去除量可达 74mg/L，比 20℃时要多出 50mg/L，同时污泥中的磷含量可占 VSS 含量的 37%，通过上述实验现象，Erdal 等人认为：相对于 20℃，在 5℃时，活性污泥微生物群落中富含 PAOs，而非 PAOs 的含量则更少，并因此认为在 20℃时，系统除磷效果下降的原因是由于在厌氧条件下非 PAOs 微生物对基质的竞争中取得优势而引起的。其原因是由于不同温度条件下，GAOs 与 PAOs 对乙酸的吸收速率不同所造成的。

6.5 厌氧氨氧化生物自养脱氮工艺

6.5.1 厌氧氨氧化菌的发现和厌氧氨氧化过程机制

早在1977年Broda就作出了自然界应该存在反硝化氨氧化菌（denitrifying ammonia oxidizers）的预言，并基于热力学，提出了Anammox过程的反应式。

$$NH_4^+ + NO_2^- \xrightarrow{\text{厌氧氨氧化菌}} N_2 + 2H_2O \quad \Delta G_0 = -357\text{kJ/molNH}_4^+ \quad (6\text{-}20)$$

当时这仅是一种假设，还没有证明Anammox菌的存在。1995年，荷兰Delft技术大学的一批研究人员，Mulder和Van de Graaf等用反硝化流化床反应器处理高氨废水时，发现了氨氮的厌氧生物氧化现象，从而证实了Broda的预言。

至今，在不到十年的时间里，研究者在遍布废水处理厂到北极冰盖的许多生态系统中都发现了Anammox菌，如德国、瑞士、比利时、英国、澳大利亚、日本的废水处理系统中，东非乌干达的淡水沼泽中，黑海、大西洋、格陵兰岛海岸的沉积物中，以及丹麦、英国和澳大利亚的河口中都发现了Anammox菌，这些例子表明了无论在人工生态系统中还是自然生态系统中Anammox菌到处都存在着。研究表明，Anammox过程在海洋生态系统中对N_2产生量具有50%～70%的贡献，因此，Anammox过程对于自然界氮素转化和循环起着非常重要的作用。

Strous和Egli等人对Anammox两种菌属Candidatus "Brocadia anammoxidans"和Candidatus "Kuenenia Stuttgartiensis"进行了测定和描述，其结果见表6-2。

Anammox菌的重要生理学参数和性质　　　　　表6-2

Anammox菌属名称	Candidatus "Brocadia anammoxidans"	Candidatus "Kuenenia Stuttgartiensis"
种系发生位置	浮霉目较深的分支	
形态学特征	革兰氏阴性球状菌；细胞壁无肽聚糖，表面呈火山口状结构，内含"Paryphoplasm"、"Riboplasm"、"anammoxosome"等3个间隔；"anammoxosome"含有序排列的微管；"anammoxosome"膜非常致密、渗透性很低，含有非常独特的"ladderane lipids"和"hopanoids"	
计量方程	$NH_4^+ + 1.31NO_2^- + 0.066HCO_3^- + 0.13H^+ \longrightarrow 1.02N_2 + 0.26NO_3^- + 0.066CH_2O_{0.5}N_{0.5} + 2.03H_2O$	

续表

Anammox 菌属名称	Candidatus "Brocadia anammoxidans"	Candidatus "Kuenenia Stuttgartiensis"
中间产物	联氨（N_2H_4），羟胺（NH_2OH）	
关键酶	羟胺氧还酶（HAO），含 c—型细胞色素	
好氧活性	0nmol/（mg 蛋白质·min）	
厌氧活性	最大为 55nmol/（mg 蛋白质·min）	最大为 26.5nmol/（mg 蛋白质·min）
pH	pH（6.7～8.3），最佳 pH 为 8	pH（6.5～9），最佳 pH 为 8
温度	$T=20\sim43℃$，最佳为 40℃	$T=11\sim45℃$，最佳为 37℃
DO	可逆性抑制，1～2μmol	<（0.5%～1%），可逆性抑制；>18%不可逆抑制
[PO_4^{3-}]	抑制，0.5μmol	抑制，20mM
[NO_2^-]	抑制，5～10μmol	抑制，13mM
比生长速率	$\mu=0.0027h^{-1}$	—①
倍增时间	10.6 天	—①
活化能	70kJ/mol	—①
蛋白质含量	0.6g 蛋白质/（g 生物量总干重）	—①
蛋白质密度	50g 蛋白质/（L 生物量）	—①
Ks（NH_4^+）	<5μm	—①
Ks（NO_2^-）	<5μm	—①

注：① 表示未见报道。

众多研究者公认的厌氧氨氧化的可能代谢途径如图 6-17 所示。由试验得出的厌氧氨氧化代谢反应式见下式。

分解代谢：

$$NH_4^+ + NO_2^- = N_2 + 2H_2O \tag{6-21}$$

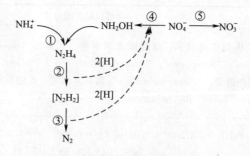

图 6-17　Anammox 菌的代谢途径

合成代谢：
$$CO_2 + 2NO_2^- + H_2O = CH_2O + 2NO_3^- \tag{6-22}$$

综合如下：
$$NH_4^+ + 1.31NO_2^- + 0.066HCO_3^- + 0.13H^+ \longrightarrow 1.02N_2 +$$
$$0.26NO_3^- + 0.066CH_2O_{0.5}N_{0.5} + 2.03H_2O \tag{6-23}$$

6.5.2　厌氧氨氧化生物自养脱氮工艺的开发

20 世纪 90 年代，在发现厌氧氨氧化现象的同时，荷兰 Delft 大学 Kluyer 生物技术实验室开发出一种新型自养生物脱氮工艺，在缺氧条件下，以浮霉目细菌为代表的微生物直接以 NO_2^-—N 为电子受体，CO_2 为主要碳源，将 NH_4^+—N 氧化成 N_2 的生物脱氮工艺。

相对传统的硝化/反硝化工艺，Anammox 工艺具有以下优点：
(1) Anammox 工艺需要部分亚硝化作为前处理工艺，根据其化学计量关系，理论上可节省 62.5% 的供氧动力消耗；
(2) 无需外加有机碳源，节省了 100% 的外加碳源所增加的运行费用；
(3) 污泥产量极少，节省了污泥处理费用；
(4) 不但可以减少 CO_2 等温室气体的排放，而且可以消耗 CO_2。

Anammox 工艺完全突破了传统生物脱氮的基本概念，为生物法处理低 C/N 的废水找到了一条最优途径。但是，Anammox 菌生长速率却非常低，倍增时间为 11d，且只有在细胞浓度 $>10^{10} \sim 10^{11}$ 个/mL 时才具有活性。因此 Anammox 菌在废水处理反应器中漫长的富集时间已经成为目前该项技术大规模应用于废水处理实践的瓶颈。

另外，Anammox 工艺对于进水的 NH_4^+/NO_2^- 比值要求较为严格，其前处理工艺中，欲精确地控制部分亚硝化存在相当大的难度；同时，Anammox 菌对环境要求较为苛刻，容易受到抑制或毒性物质的影响而使 Anammox 污泥上浮，影响出水水质，甚至可以造成 Anammox 过程的停止或中断，Anammox 工艺稳定运行的条件及特性参数成为这一技术推广应用的又一瓶颈。

将 Anammox 工艺应用于废水生物脱氮时，需首先解决部分亚硝化的问题，即能够为 Anammox 菌提供 $NH_4^+ : NO_2^- = 1 : 1.31$ 的反应基质。这就需要建立 Anammox 菌和其他微生物的协同作用系统，或与其他工艺进行组合；其次需解决 Anammox 反应器中 Anammox 菌的富集和稳定优势。基于以上两种思想，目前已开发出的 Anammox 生物脱氮工艺主要有 CANON 工艺、Sharon-Anammox 联合工艺、SNAP 工艺以及 SAT 工艺等。另外，根据 Anammox 反应的化学计量关系（$NH_4^+ : NO_3^- = 1 : 0.26$），Anammox 反应会产生 10% 左右的 NO_3^-，使得该工艺的理论最高脱氮效率仅能达到 90% 左右。

6.5.3 厌氧氨氧化废水脱氮工艺的应用

目前厌氧氨氧化工艺主要用以处理污泥消化上清液、垃圾渗滤液以及一些高氨、低 COD 的工业废水。厌氧氨氧化生物脱氮工艺需要很少的氧气（即厌氧氨氧化工艺需要 1.9kg O_2/kg N，而传统硝化/反硝化工艺需要 4.6kg O_2/kg N）、无需碳源（而传统硝化/反硝化工艺需要 2.6kg BOD/kg N）、低污泥产量（厌氧氨氧化工艺为 0.08kg VSS/kg N，而传统硝化/反硝化工艺为 1kg VSS/kg N）。

(1) Sharon-Anammox 的联合工艺

Sharon 工艺，是近几年才开发的一种新的生物亚硝化工艺。该工艺在一个单独的好氧连续流反应器中进行，无生物量持留，温度高达 35℃，pH＞7。它作为 Anammox 工艺的前处理步骤实现进水氨氮的部分亚硝化，为 Anammox 反应器提供合适 NO_2^-/NH_4^+ 比例的进水。利用较高温度下（＞26℃）氨氧化细菌生长速率大于亚硝酸氧化细菌生长速率的事实，控制反应器的稀释速率（D_x）大于亚硝酸氧化细菌生长速率而小于氨氧化细菌生长速率，将亚硝酸氧化细菌逐渐从反应器中洗脱出去，就可以实现亚硝酸盐的稳定积累。另外，由于氨的氧化是个产酸过程，pH 值对于该过程的控制非常重要，当进水中 HCO_3^-/NH_4^+ 摩尔比率为 1.1～1.2 时，约一半的氨氮转化完成后碱度就会被耗尽，从而导致 pH 值下降，pH＜6.5 时，氨的氧化就不再发生了，因此，不控制 pH 就可以实现约一半的氨氮转化为亚硝酸盐，从而实现了工艺的自我控制。通过 pH 值在 6.5～7.5 之间的微调可以调整反应器出水的 NH_4^+/NO_2^- 比率。因此，该工艺是 Anammox 工艺的理想前处理工艺。Sharon 工艺用以处理污泥消化液时，原水中铵离子和重碳酸盐的摩尔比率基本为 1∶1，53% 氨氮以 1.2kg N/（m^3·d）的速率被氧化为亚硝酸盐。

Sharon 工艺为后续的 Anammox 工艺提供了很理想 NH_4^+/NO_2^- 比率的进水（图 6-18），进入 Anammox 反应器中后亚硝酸盐与剩余的氨氮在自养厌氧氨氧化菌的作用下被转化为氮气除掉，Anammox 活性高达 0.8kgN/（kgTSS·d），负荷可以达到 0.75kgTN/（m^3·d）以上。

Sharon 工艺：

$$NH_4^+ + HCO_3^- + 0.75O_2 \longrightarrow 0.5NH_4^+ + 0.5NO_2^- + CO_2 + 1.5H_2O \quad (6-24)$$

Anammox 工艺：

$$0.5NH_4^+ + 0.5NO_2^- \longrightarrow 0.5N_2 + H_2O \quad (6-25)$$

目前 Sharon-Anammox 联合工艺已经成功地在荷兰鹿特丹废水处理厂投入实际生产运行，用以处理污泥上清液，处理成本经评估为 0.75 欧元/kgN，远低于传统硝化/反硝化工艺的 2.3～4.5 欧元/kgN 和物化脱氮工艺的 4.5～11.3 欧元/kgN。

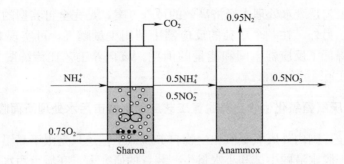

图 6-18 Sharon-Anammox 联合工艺的示意图

(2) Canon 工艺

Canon 工艺（Completely Autotrophic Nitrogen Removal Over Nitrit）是 Strous 等人提出的一种新的限氧全程自养脱氮工艺，被认为对于处理低浓度有机废水是很有前景的脱氮工艺。该工艺能够在限氧条件（<0.5mg/L O_2）下在一个单独的反应器或生物膜中进行。由于低 DO 下亚硝酸氧化细菌与 O_2 的亲和力比氨氧化细菌弱，因此可以抑制硝酸细菌的生长，从而依靠 Nitrosomonas-like 好氧氨氧化细菌和 Planctomycete-like 亚硝酸细菌的共生协作，以亚硝酸盐为中间产物，将氨氮直接转化为氮气。在颗粒污泥系统中，当 NH_4^+ 不受限时，硝酸细菌在同时与这两类微生物竞争氧和亚硝酸盐的过程中被淘汰出局；当 NH_4^+ 受到一定的限制时，会引起 NO_2^- 的积累，受限超过 1 个月后硝酸细菌就会生长。而在生物膜系统中，由于氨氮和氧的供应很难控制，且污泥龄接近无限长，从而使得其还存在少量的硝酸化细菌。亚硝酸菌和厌氧氨氧化菌这两类微生物同时交互进行着两个连续的反应，见下式。

$$NH_3 + 1.5O_2 \xrightarrow{亚硝酸菌} NO_2^- + H^+ + H_2O \qquad (6-26)$$

$$NH_3 + 1.31NO_2^- + H^+ \xrightarrow{Anammox 菌} 1.02N_2 + 0.26NO_3^- + 2.03H_2O \qquad (6-27)$$

综合式：

$$NH_3 + 0.85O_2 \longrightarrow 0.44N_2 + 0.11NO_3^- + 1.45H_2O + 0.13H^+ \qquad (6-28)$$

Nitrosomonas-like 亚硝酸细菌将氨氮氧化为亚硝酸盐，并消耗氧气，从而创造了 Planctomycete-like 厌氧氨氧化细菌所需的缺氧条件。Canon 工艺的微生物学机制、可行性和工艺优化等问题已经在 SBR 反应器、气提式反应器以及固定床生物膜反应器中广泛地进行了相关研究。Canon 工艺的脱氮速率，在 SBR 反应器中可达到 0.3kg N/($m^3 \cdot d$)，在气提式反应器中可达到 1.5kgN/($m^3 \cdot d$)，比 Sharon-Anammox 工艺低。然而，由于仅需要一个反应器，用以处理较低氨氮负荷的废水时仍具有较大的经济优势。Canon 工艺需要过程控制，以防止过剩的溶解氧引起亚硝酸盐积累。

Canon 工艺是废水处理中经济高效的可选方案，是完全自养型的，所以无需投加有机物。另外，在一个单独的反应器中利用少量曝气，可实现88%氮的去除。这大大降低了反应器空间和能量的消耗。该自养工艺比传统脱氮工艺节省63%的氧和100%的外加碳源。

6.5.4 厌氧氨氧化生物自养脱氮工艺应用到城市污水处理所面临的挑战

迄今为止，国内外厌氧氨氧化生物自养脱氮工艺还只是限于高温、高氨氮废水如消化污泥脱水液的中试和小水量生产装置的研究上。在城市污水处理上的研究与应用尚未见报道。

如果厌氧氨氧化生物自养脱氮应用于城市污水的处理和深度处理上，将解决城市污水去除营养盐 N、P 在争夺碳源、泥龄、BOD－SS 负荷上一些固有矛盾，并取得巨大的经济效益。为现有城市污水厂的改造升级和新建污水再生水厂的建设，提供节能降耗的污水再生工艺流程。将是继厌氧—好氧活性污泥法之后的又一次污水生物处理技术的突破。厌氧氨氧化应用到大规模城市污水深度处理中面临的主要问题是：

（1）部分亚硝酸化反应器的形式，富集亚硝酸菌，抑制硝酸菌的控制路线与方法；

（2）厌氧氨氧化反应器的快速启动；

（3）稳定运行。

6.6 好气滤池

生物膜法和活性污泥法是污水生化处理的两大类别。最初出现的生物膜法是由处理污水的过滤田发展而来的普通生物滤池。在普通生物滤池中，微生物附着生长在填料表面，形成胶质相连的生物膜。在滤层中由于水的流动和空气的搅动，使生物膜表面不断和水接触，污水中的有机物和溶解氧为生物膜所吸附，生物膜上的微生物不断分解这些有机物。与此同时，生物膜本身也不断新陈代谢。但是，由于生物过滤法体积负荷和 BOD 去除率都较低，环境卫生条件较差，滤层易堵塞等缺点，于20世纪40年代到60年代，有逐渐被活性污泥法所取替的趋势。到20世纪70年代后，由于新型合成材料的大量生产和对污水处理程度要求的提高，生物膜法又获得了新的发展。陆续出现了高负荷生物滤池、塔式生物滤池、生物转盘、生物流化床、生物接触氧化法以及曝气生物滤池，克服了原有以碎石为填料的生物滤池的诸多缺点，并赋予新的内涵。

虽然生物过滤法与活性污泥法在处理构筑物上有显著的区别，但微生物对有机物的代谢过程、污染物去除动力学、细胞质合成以及对氧的需求等方面基本上具有同一规律性。但是，生物膜法中微生物附着生长，能够和介质中的基质浓度形成动力平衡，故可应用于低浓度污水的深度处理。生物过滤法的主要特征如下：

（1）生物多样性。在生物膜上出现的生物，在种属上要比活性污泥法中丰富得多，除细菌、原生动物外，还能出现活性污泥法中少见的真菌、藻类、后生动物以及大型无脊椎生物等。因为生物膜是固定生长的，具有形成稳定生态的条件，能够栖息增殖速度慢、世代时间长的细菌和较高级的微型动物。所以，适宜硝化菌的生长，可获得很高的硝化和脱氮能力。

（2）生物反应器单位体积内生物量多，可达活性污泥法的 5～20 倍。

（3）产生污泥量少。由于生物膜中栖息着较多高次营养水平的生物，生物食物链较活性污泥法长，产生剩余污泥量较少。

（4）运行管理方便，无活性污泥法污泥膨胀之患，又可充分利用丝状菌强盛的氧化能力。

生物过滤池在污水深度处理和再生中将有广阔的发展空间。

近年在污水深度处理实践中发现了二级处理水经普通快滤池过滤后，不仅去除了以活性污泥碎片为主体的悬浮固体颗粒，同时 $SCOD_{cr}$ 值也有降低。推想在滤层中也进行了生化反应，于是为强化这种生物净化作用，在污水深度处理工程设计中试探着在滤池滤层底部布置曝气系统，以便在过滤过程中不断向滤层曝气，使滤层成为好氧过滤空间，促进好氧微生物在滤料表面、滤层空隙之中大量繁殖，企图强化对低浓度难降解有机物的氧化去除。投产运行后，确有效果。由此，将有曝气系统的普通快滤池称之为好气滤池。

好气滤池是给水净化快滤池、污水处理生物膜技术在污水深度处理领域应用发展的产物。因其滤料表面披有生物膜，也有称之为生物膜过滤池和生物快滤池的。本章中统一称之为好气滤池。物理截滤是其功能之本，生化效应是其功能的发展。这一点上它与从欧洲引进的曝气生物滤池（Biological aerated filters）虽有异曲同工之妙，但也有明显的区别。曝气生物滤池在滤层结构上更似具有曝气系统的生物滤池反应器；好气滤池是由普通快滤池发展而来，更似滤池，兼有物理截滤与生物反应器的功能。为明了好气滤池的生化反应机制和适宜的设计与运行工况，北京市水质科学与水环境恢复工程重点实验室等先后在大连开发区第二污水处理厂、深圳经济特区滨河污水处理厂、保定污水处理厂和哈尔滨文昌污水处理厂进行了装置和生产性试验研究，取得了颇丰的数据和成果。

好气滤池是给水净化、污水处理、污水深度净化技术发展过程的产物，其各种净化单元技术的内在联系如图6-19所示。

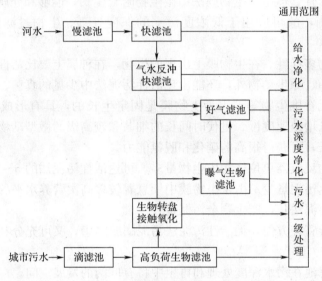

图6-19 过滤、污水膜法净化技术发展示意图

它与普通快滤池的区别，在于形成好气过滤空间，滤料表面有发达的生物膜，从而引进了生物机制。它与接触氧化生物反应器的区别在于它主要功能还是滤池，同时具有截留、吸附悬浮颗粒和生物氧化的功能。所以能更好地起到深度净化流程最终把关作用。它与曝气生物滤池的区别，在于滤层结构更适于截滤细小颗粒杂质，处理目标是污水的深度处理。

6.6.1 好气滤池的构造

好气滤池的构造没有更多的要求，普通快滤池、虹吸滤池、无阀滤池以及以V型滤池为代表的粗滤料滤池都可以用作好气滤池。只需在滤料层之下垫层之上设计布气系统。

（1）配水配气系统

好气滤池与给水净化各种形式的滤池相似，常采用穿孔管大阻力排水系统或小阻力排水系统，来达到汇集过滤水和均匀分布反冲洗水的目的。大阻力排水系统由干管和支管组成，支管上有向下或倾斜的小孔。在管道向上铺设砾石承托层，如图6-20所示。在反冲洗工况下，反冲洗水由干管配入各支管，然后经支管的孔眼向外均匀配出。再穿过砾石承托层进入滤层，对滤层进行反冲洗。在过滤工况下汇集过滤水排入清水干管。

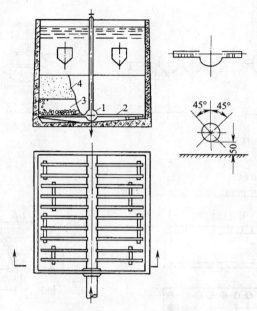

图 6-20　穿孔管配水系统
1—干管；2—支管；3—砾石承托层；4—滤层

小阻力排水系统，其形式如图 6-21 所示。格栅由直径 12mm 的钢筋焊制而成，格栅缝隙 3～5mm，开孔比可达 10%～20%。配水均匀性差，通常用于小型滤池。

孔板小阻力配水系统，是在滤池配水底板上均匀布置梅花状小孔，孔径 9～10mm。开孔比可达 10% 左右，适于中、小型滤池。

穿孔渠也属小阻力配水系统，孔隙直径 8～10mm，开孔比达 0.5%～1%。适于中型滤池。

配水滤头和长柄滤头是比较常用的小阻力配水系统。滤头上缝宽为 0.25～0.4mm。一个滤头的缝隙面积为 100～300mm², 每平方米布置 40～60 个滤头。开孔比为 0.5%～1%，孔眼滤速可达 2～3m/s，布水较均匀，可用于大、中型滤池。

好气滤池的布气系统可采用布满全池底面积的穿孔曝气管，其构造与穿孔管大阻力排水系统相似。

具有气冲或气水反冲形式的滤池，应利用气冲系统在过滤工况下进行微曝气，向滤层供氧。

(2) 滤料与滤层结构

好气滤池使用颗粒滤料。对滤料的基本要求是：

1) 具有足够的强度；

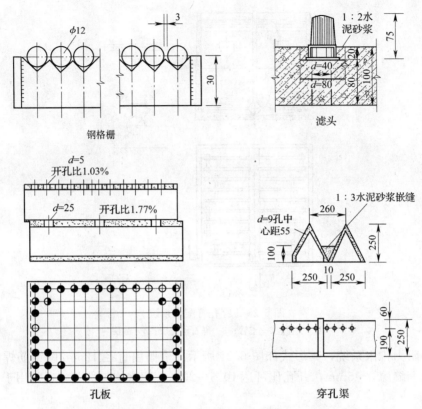

图 6-21 小阻力排水系统

2) 具有良好的化学稳定性;

3) 与进、出水相适应的滤层结构。

采用石英砂做滤料时,滤料层厚 $L=1000\text{mm}$,有效粒径 $d_{10}=0.6$,不均匀系数 $d_{80}/d_{10}=1.8$。以卵石(或砾石)做承托层,分数层粒度梯次设置,从上到下各层的粒径和厚度见表 6-3。

各层的粒径和厚度　　　　　　　　表 6-3

颗粒直径 (mm)	厚度 (mm)
2～4	100
4～8	100
8～16	100
16～32	100

6.6.2 好气滤池运行工况参数

据多座再生水厂的试验,好气滤池应采用较小的流速,较弱的反冲强度,以利减少滤层内微生物量的损失,具体数据如下:

采用滤速 3～5m/h,反冲周期应大于 12～24h,单纯水冲洗强度为 8～10L/（m²·s）,冲洗时间为 5～8min。气水反冲情况下反冲强度与时间见表 6-4。

气水反冲情况下反冲强度与时间　　　　　　　　　　表 6-4

反冲方式	反冲强度（L/m²·s）	冲洗时间（min）
单独气反冲	8～10	5～10
气水同时反冲	8～10（气）；2～4（水）	6～8
单纯水反冲	4～6	4～6

6.7 污水再生全流程设计

污水再生过程是一个复杂的工程系统,它包括物理处理（一级处理）、生化处理（二级处理）和深度处理,有时还需要超深度处理。一级物理处理的作用是去除能够沉淀分离的固体杂质;二级生化处理是去除溶解性的、胶体的和悬浮的有机物;而深度处理一般是以去除二级处理水中的活性污泥碎片为主,进而除去残存的难降解 COD 和氮、磷营养物。经深度处理净化后的再生水可以供工业生产用水、城市杂用水及绿化、河湖生态用水。只有在需要注入地下水层,以及直接与饮用水混合进入自来水系统等特殊场合下,才启用超深度处理。

污水深度处理与再生回用是最近 20 年才被水质工程专家关注的事情,于是在污水二级处理厂的基础上再考虑深度处理的流程和技术经济问题,习惯地把污水处理和深度处理分两个系统来研究。因此无论从技术路线上和工程经济上都不尽合理。导致了现有的城市污水再生处理存在工艺流程长、单元搭配不合理、投资和运行费用高等问题,致使再生水的成本价格偏高,使再生水与自来水相比失去了经济上的优势。只有综合考虑有机物、磷、氮、悬浮物等污染物的去除系统方案,方能在总体上做到技术先进、经济合理,为此,应避免污水处理与深度净化分别设计并简单串联的传统做法。

基于此,产生了污水再生全流程的概念,即把从原污水到再生水的整个处理过程,看成是一个有机的、系统的处理工艺来进行开发和研究,以城市污水为处理对象,以再生水生产为目的,从污水再生全过程出发,优化组合单元技术,通过统筹安排各工序的污染物（磷、氮、有机物和悬浮物等）去除负荷和目标水质，有针对性地开发相应的高效净化处理单元，并进行组合优化，从而组合成经济合理、系统优化的污水再生全流程，达到经济高效生产再生水的目的，以降低再生水成本，改善再生水水质，为创建城市第二供水系统提供技术支撑，最大限度地提高自然水资源利用效率，减少排入自然水体的污染负荷，恢复内陆河川与近海海域水环境的良好状况。

通过污水再生关键技术的研发和全流程工艺的优化，可以缩短再生水处理工艺的流程，节省基建投资和运行费用，从而提高再生水厂的效益，同时减少城市污水的排放量，减轻污水排放对水体的污染，并减少城市自然水的取水量，缓解城市用水供需之间的矛盾。研发成套系统的污水再生全流程工艺，为全国污水处理厂的节能降耗及运营优化提供技术支撑。

据此理念，利用百年来污水生化处理经典技术，厌氧—好氧时空交替生化处理技术和微生物学上近期发现的各种硝化、脱氮、聚磷新的种群及工程技术，因地制宜地设计各种污水再生全流程。达到降低再生水成本推进污水再生再循环再利用事业的发展。

优化了的污水再生全流程工艺，应流程短，节省能耗，解决传统二级处理与深度处理分家，造成工艺冗长的问题，具有巨大的发展潜力和广阔的应用前景。

6.7.1　A/O生物除磷—厌氧氨氧化生物脱氮污水再生流程

1. A/O生物除磷—Canon生物脱氮污水再生流程

流程图如图6-22所示。

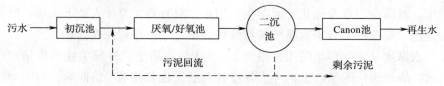

图6-22　A/O生物除磷—Canon生物脱氮污水再生流程

二级生物处理采用厌氧—好氧生物除磷工艺，其BOD-SS负荷可达0.2～0.5kg/（MLSS·d），与普通活性污泥法相当。在厌氧段聚磷菌充分释磷，同时同化低分子有机物，在体内贮存PHB。在好氧段聚磷菌分解体内PHB和吸取分解环境有机物，释放能量，用于自身繁殖，并大量吸磷，以聚磷贮存于胞内。因该反应池不进行氨化和硝化，其水力停留时间（HRT）、BOD-SS负荷都与普通活性污泥法相当。这样在其基建投资与供氧电费增加不多的前提下，在去除有机物的同时也去除了营养盐磷。然后在Canon池中同时发生半亚硝化和厌氧氨氧化脱氮。比常规硝化/反硝化节省一半以上的供氧动力消耗。

2. 生物除磷—分体式厌氧氨氧化脱氮污水再生流程

Canon 脱氮反应器中亚硝酸菌与厌氧氨氧化菌共生协作，以亚硝酸盐为中间产物，将氨氮在同一反应器中转化为氮气。但是，好氧亚硝酸菌和厌氧氨氧化菌的生理代谢特性是有很大区别的，在同一生化反应器中，不可能同时满足两类菌群繁殖代谢的良好环境。因此，就局限了 Canon 反应器的脱氮效率。而分体式厌氧氨氧化工艺就有条件提供各自的良好代谢环境。

生物除磷—分体式厌氧氨氧化脱氮污水再生流程如图 6-23 所示。

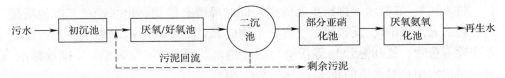

图 6-23　生物除磷—分体式厌氧氨氧化脱氮污水再生流程

以城市污水为处理对象，将厌氧/好氧活性污泥法生物除磷与 ANAMMOX 生物自养脱氮工艺进行结合，组成厌氧—好氧—半亚硝化—厌氧氨氧化高效低耗型城市污水再生处理工艺。本工艺在全流程中将除磷和脱氮分为前后两个单元，前段利用厌氧/好氧典型活性污泥法，与传统的活性污泥相比不增加基建费用和运行费用的前提下，进行生物除磷，并同步将大部分有机物降解，出水水质 C/N 比较低，可为后段的以自养菌代谢为主的部分短程硝化和厌氧氨氧化生化反应提供适宜的进水。

以上两个全流程都为创新流程。它应用了国内外多年的科研及生产实验成果，将厌氧—好氧活性污泥法除磷工艺与厌氧氨氧化生物膜过滤工艺组合为污水再生全流程。其特点之一是在二级处理中，不改变普通活性污泥的主要运行参数，如污泥负荷、泥龄、混合液 DO 等条件，只是将生化反应池前端改变为厌氧段，这样在不增加基建投资费用，不提高维护费用和制水成本前提下，去除了营养物质磷，提高了污水二级处理程度，而且由于厌氧段的存在，抑制了丝状菌繁殖，避免了活性污泥膨胀。使运行更为稳定，在 SS、COD、BOD_5 等出水水质指标上都有一定的改善，取得了比普通活性污泥法更好的水质；其特点之二是把除磷任务放在二级处理过程中，生物自养脱氮任务置于深度处理的生物膜过滤的过程内；其特点之三是脱氮工艺采用了半亚硝化/厌氧氨氧化经济高效新型生物自养脱氮技术，曝气量低，无需外加碳源，污泥产量少。

6.7.2　A/O 除磷—短程硝化/反硝化脱氮污水再生流程

短程硝化/反硝化生物脱氮工艺在国内早有研究，它的启动和稳定运行都较成熟。其流程如图 6-24 所示。

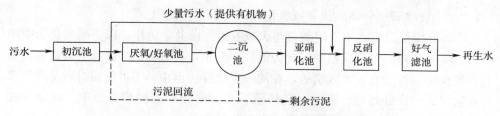

图 6-24 A/O 除磷—短程硝化/反硝化脱氮污水再生流程

如图 6-24 所示，原污水经过沉砂沉淀预处理，去除颗粒固体和部分悬浮物后，进入厌氧/好氧池，进行生物除磷，同时降解有机物，出水经过二沉池沉淀后，再引入短程硝化/反硝化系统进行生物脱氮，最后进入末端好气滤池，进一步去除有机物、氮和悬浮物等污染负荷，出水达到城市污水一级 A 排放标准，满足再生水用户对水质的要求。

6.7.3 反硝化除磷—好气滤池污水再生流程

工艺流程如图 6-25 所示。污水经初沉池首先进入厌氧池，与富含 DPAOs 的回流污泥相遇，DPAOs 经充分释磷后，混合液再进入缺氧池，在这里与由好气滤池回流来的硝化液充分混合，DPAOs 以 NO_3^- 为电子受体大量吸磷，完成了反硝化吸磷的使命。小曝气吹脱是为了吹脱活性污泥颗粒上粘附的氮气气泡。之后，混合液进入二沉池进行泥水分离，污泥回流至厌氧池，并定期排除剩余污泥。上清液进入好气滤池，在这里进行 NH_4^+-N 的硝化，硝化液回流至缺氧池。在好气滤池反应器中也进一步降解了难生物氧化的有机物，提高出水水质。

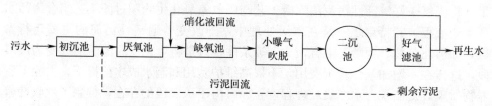

图 6-25 反硝化除磷—好气滤池污水再生流程

反硝化除磷脱氮理论，意味着有希望解决传统除磷脱氮工艺自身无法解决的矛盾，提高污水处理系统除磷脱氮能力。同时也将意味着改变传统污水处理工艺"以能耗能"这一事实，减少污泥产量和运行费用。同时利用好气生物膜滤池的特性，在完成硝化的同时，进一步保证出水水质，使出水达到再生水回用的标准，克服了双污泥系统流程长、出水氨氮偏高的缺点。基于此，将反硝化除磷与好气滤池结合开发简捷污水再生全流程，根据反硝化聚磷菌特性，以硝酸氮为电子受体，以生物体内炭源为底物和能量，在吸磷的同时将硝酸氮分解为氮气，这样就使得除磷和脱氮原本相互矛盾的两个不同生物化学反应过程在同一反应器内一并完成,从而从根本上解决了传统工艺中聚磷菌和反硝化菌争夺炭源这一主要矛盾。同时由于大部分有机物在厌氧段降解,因此也降低了曝气能耗。

6.7.4 倒置反硝化脱氮—化学除磷—好气滤池污水再生流程

如图 6-26 所示,为彻底解决二级处理过程中脱氮与除磷的矛盾,采用了缺氧—好氧活性污泥脱氮工艺,而磷在深度处理中用混凝—沉淀化学法去除,全流程工艺末端采用好气滤池,好气过滤池集物化与生化效应于一身,在去除二级水中悬浮固体物的同时,也氧化分解了二级水中残存的难降解 COD,该流程的再生水水质在 SS、COD、BOD_5 方面都有明显的改善。

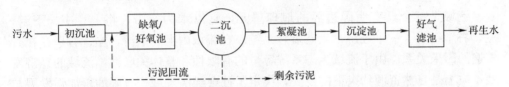

图 6-26 倒置反硝化脱氮—化学除磷—好气滤池污水再生流程

6.7.5 A^2O 脱氮除磷—好气滤池污水再生流程

如图 6-27 所示,为了降低再生水中营养物质,二级处理工艺采用了厌氧—缺氧—好氧活性污泥(A^2/O 工艺),可以同时去除污水中的氮和磷营养盐,但是由于硝化与除磷过程在活性污泥负荷上是矛盾的,反硝化与除磷在有机基质上也有争夺,所以该系统往往是除磷效果好,脱氮效果差;反之,脱氮效果好,除磷效果就差。两者兼顾的运行参数范围很狭小,难以操作。为此在深度处理工艺中,保留了混凝—沉淀除磷的过程,同时也有很好的除浊效果,且在工艺末端采用好气滤池,可以进一步去除有机物、氮和悬浮物等污染负荷。

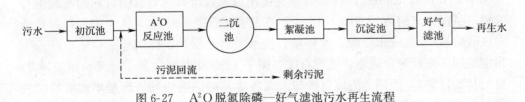

图 6-27 A^2O 脱氮除磷—好气滤池污水再生流程

第7章 流域水环境综合管理

7.1 水环境管理模式

7.1.1 基本概念

流域是一个具有明确边界的地理单元，它以水为纽带，将上、中、下游，左、右岸组成了一个经济—生态复合系统。在流域内上、下游，左、右岸存在着普遍的因果关系。由于流域生态系统容量的有限性和整体关联性，流域的经济发展本质上是自然资源约束下的发展，决定了社会经济发展是有限的。加强发展与保护的综合协调是人类社会发展的方向，通过流域综合管理来促进流域自然、经济、社会的协调发展。

流域和区域的可持续发展是流域经济与人口、资源、环境的协调发展。据国际发展经验与我国实际，在经济发展与环境关系上应遵循两个基本原则：(1) 坚持经济、社会发展与资源环境承载力水平相适应，把环境保护放在与发展生产力同等的位置，不以牺牲环境为代价，努力在发展中保护环境和改善环境。(2) 坚持环境保护有利于促进经济、社会可持续健康发展。

社会可持续发展原则和模式要求用流域观点、系统观点和综合观点来解决流域区域环境和发展问题。近年来，以流域资源可持续利用、生态环境持续改善和社会经济可持续发展为目标的流域综合管理理念，在一些发达国家被广泛接受。英国学者 J. L. Gardiner 于 1993 年最先提出以流域可持续发展为目标的流域综合管理；英国国家河流管理局于 1995 年发表了《泰晤士河流域 21 世纪议程与持续发展战略》，从流域水资源、水环境、洪水、自然保护、休闲地、航运与产业等角度编制了流域综合规划；欧洲有关各国于 1998 年共同发展了《莱茵河流域 21 世纪行动计划》，强调全流域自然与人文各要素的综合协同管理是实现可持续发展目标的前提和条件。

流域综合管理的目标是：面向未来的流域资源生态环境演化趋势，以流域可持续发展为目的，通过战略、规划、政策、法规、监督、市场调节等手段，克服由于一系列过度开发活动造成的流域资源与生态的退化，保障流域资源的可持续利用，保持流域完整生态功能，促进流域经济发展和水环境恢复。

流域综合管理的首要任务是：维护和恢复流域环境健康。保证充足优质的水源供给和饮用水源安全。为此，要达成社会用水的健康循环、保护生态环境、维系生物多样性、保证流域功能完整，资源开发不能超过资源和环境承载力，保证水资源和其他资源的可持续利用，保证土地稳定的生产力，防治土地资源退化等。

从维护河流健康生命流域管理最高理念出发，针对流域环境与发展背景，加强流域水资源保护和水生态环境保护工作是现阶段流域管理的重要着眼点，也是逐步实现流域综合管理的切入点。做好水系保护工作需要发挥流域保护和区域保护两方面的积极性，其关键是对水系保护管理体制的建立和完善，这是国家政策、环境背景、资源条件及经济社会综合性和谐发展的要求。

建立流域综合管理委员会及执行机构，确立河流生态代言人的地位。要建立管理体制和治理体制相结合的综合模式，政府、企业、社会共同行动有序的综合治理机制。公众参与是对现行水系保护体制的补充和完善，水系保护是一项公共事业，需要社会各方面广泛关注和公众的积极参与，因此，流域机构应在参与机制、渠道、手段和宣传活动等方面注入力量。

7.1.2 国际社会水环境水资源管理模式的探求

1977年联合国召开世界水大会通过了"马德普拉特"行动计划，把水环境水资源问题提高到全球的战略高度。人类必须实现对水资源的井井有条管理，采用专门的并协调一致的行动，以谋求答案，并且把这种答案应用于国家和区域的层面上，不然就不能保障人类高质量的生活和增进人类的幸福。1992年在爱尔兰都柏林召开了有114个国家和联合国众多机构、世界气象组织参加的"水与环境国际会议"，通过了都柏林声明。声明说："淡水资源的紧缺和使用不当，对于持续发展和环境构成了十分严重又不断增长的威胁……现在人类处于危险之中，除非从现在起，在十年左右的时间内，能够争取比以往更为有效的水环境的管理措施。"世界各国一直寻求着水环境、水资源的有效管理方式。

美国早在1933年在田纳西河流域（Tennessee Valley）进行流域综合管理和经济开发的示范。国会通过法案，授予田纳西河流域管理局全面负责流域内各种自然资源的规划、开发、利用、保护和水利工程建设的广泛权力。实际上这个流域管理局享有美国省部一级的政府机构和经济实体的自主权和独立性。在流域范围内，除综合开发、利用水资源保护水环境之外，还进行了国土整治和经济开发。经半个多世纪的经营，流域经济发生了根本性的变化，居民经济收入增加几十倍。至今田纳西河流域管理局仍掌握着原来国会赋予的权力。美国田纳西河流域的管理形式虽然取得许多成功，但该种形式至今在美国和世界各国仅此一例。因为这是由19世纪30年代的美国各州特殊的经济状态所决定的。当时美国各州的经济力量很薄弱，没有力量顾及像田纳西河流域这样贫困的地区，造就了田纳西河流域管理模式的成熟。后来各地方各州政府力量强盛，看到综合治理和经济开发的巨大经济利益，地方政府就很难接受这种形式了。美国其他各流域对水环境水资源的管理是通过大河流域委员会，其职能仅侧重于流域水及有关土地资源的综合开发规划，不涉及其他经济领域。1965年美国国会通过了水资源规划法案，成立了全国水资源理事会（Water Resources Council），由美国总统直接领导，其办事机构由联邦政府内政部长主持，其他各有关部主要官员参加，协调全美各流域各州的水环境和水资源规划与开发。

在英国，自19世纪60年代在英格兰和威尔士共设立了29个河流管理局和157个地方管理局。在19世纪70年代合并为10个水务局（Water Authorities），负责对其管辖流域范围内地表水和地下水、供水和排水、水质和水量的统一管理。1973年建立了国家水理事会（National Water Council）负责全英水环境水资源的指导性工作。

在10大河流水务局中，泰晤士河水务局可称为典范，统一负责流域水环境保护与治理以及水资源管理。包括工业和城市供水排水和污水处理，防洪、农田排水，水产养殖及水上旅游，水文网、水域水质控制、水情监测及预报等。英国的河流水务局和美国田纳西河流域管理局在业务范围上有很大区别，英国不把河流上的发电、航运的经营包括进来，更不经营地方工业和企业，和地方方面的矛盾不突出。

法国1964年成立了流域委员会及执行机构水资源管理局，国家成立了环境部，制定水资源开发利用和水环境保护政策。1992年在环境部内成立了水理事会，加强国家在水资源管理中的作用，监督和协调水资源管理局的工作。在国家一级部成立了"部际水资源委员会"和"国家水资源委员会"，代表国家制定水资源水环境管理的政策，协调各用水、管水部门的利益。而地区一级则在流域委员会和水资源管理局中均设有代表，充分表达各方的意见。

在国际社会的关注下，各国水环境水资源管理的理念与模式渐趋于合理与科学，趋于水文循环与社会循环相和谐的人类社会可持续发展的模式。

7.1.3 我国水环境管理现状

1. 法律

我国自20世纪80年代后，逐渐完善了环境和水环境保护方面的法律。主要有4个层面：① 宪法；② 环境保护法；③ 水环境专门法律；④ 法规、行政规章和地方法规。

（1）《中华人民共和国宪法》中明确规定："国家保护环境、保护生态平衡，促进人与自然的和谐生存和可持续发展"。这就确立了水环境维系与恢复的法律基础。

(2)《中华人民共和国环境保护法》是我国环境保护法律的母法。本法所称环境是指影响人类生存和发展的各种天然的和经过人工改造的自然因素的总体，包括大气、水、海洋、土地、矿藏、森林、草原，及自然古迹、文化遗迹、自然保护区、风景名胜区、城市和乡村等（第二条）；一切单位和个人都有保护环境的义务，并有权对污染和破坏环境的单位和个人进行检举和控告（第六条）；国务院环境保护行政主管部门制定国家环境质量标准（第九条）；国务院环境保护行政主管部门根据国家环境质量标准和国家经济、技术条件，制定国家污染物排放标准（第十条）；地方各级人民政府应对本辖区的环境质量负责，采取措施改善环境质量（第十六条）。

20世纪90年代中期以前，环境违法行为都是不负刑事责任的，因此，环境违法是以罚款、关厂、撤销、调离负责人等行政手段来解决的。1998年全国人民代表大会通过刑法修正案，明确规定了环境违法行为的自然人和法人代表，应承担破坏环境的刑事责任。这对环境法律的贯彻执行，将起到良好的作用，可惜还没有具体规定，操作性差。

(3) 水环境保护的专门法

《中华人民共和国水法》和《中华人民共和国水污染防治法》是水环境保护管理方面的两项基本法律。《中华人民共和国水污染防治法》（以下简称《水污染防治法》）、《中华人民共和国水法》（以下简称《水法》）是水环境和水资源的专门法律，与其相关的法律还有《中华人民共和国水土保持法》、《中华人民共和国海洋环境保护法》及《中华人民共和国森林法》等等。

《中华人民共和国水法》对水资源的开发、利用、管理等作出了较详细的具体规定。明确流域机构的法律地位与职责。

(4) 法规、行政规章和地方法规

国务院执行环境保护法和水环境专门法律，各年制定颁布的条例、规定、决定、通知等法律文件统称法规。如《建设项目环境保护管理条例》（国务院1998年12月27日）、《征收排污费暂行办法》（国务院1984年2月5日）、《水污染防治法实施细则》（国务院2002年3月24日）等。

国务院各行政管理部门，依照法律法规或根据国家政策要求而制定的，经国务院批准的管理办法、规定和通知等称为行政规章。如水利部《中国水功能区划（试行）》（2000年）、国家计委、国务院环境保护委员会《建设项目环境保护设计规定》（1987年）、国家计委、财政部、国家环保总局、国家经贸委《排污收费管理办法》（2003年）、建设部《城市排水监测工作管理规定》（1992年）、农牧渔卫生部《农药安全使用规定》（1982年）、国家环保总局《畜禽养殖污染防治管理办法》（2001年）等等。

从国家到地方形成了一个水环境保护的法律框架。对水环境保护提供了较充足的法律依据，起到了对保护环境的促进作用。各部委行政规章和地方法规都是为贯彻基本法律而制定的。各级人民代表大会、地方人民政府根据国家法律、结合地方实际情况制定的地方性规定、管理办法、条例等称为地方法规，如《内蒙古自治区环境保护条例》、《吉林省环境保护条例》等。

(5) 环境控制标准

环境控制标准是为配合环境法律法规的实施而制定的，以衡量法律实施效果。按功能分为两种：环境质量标准和污染物排放标准。按效力范围分为4类：国家综合性标准、国家专门标准、行业标准、地方标准。

根据《中华人民共和国环境保护法》的规定，国务院环境保护行政主管部门制定国家环境质量标准。国标全部使用"GB"字头编号。省、自治区、直辖市人民政府对国家环境质量标准未作规定的项目，可以制定地方环境质量标准，并报国务院环境保护行政主管部门备案。

国务院环境保护行政主管部门根据国家环境质量标准和国家经济技术条件制定国家污染物排放标准。省、自治区、直辖市人民政府对国家排放标准中未作规定的项目，可以制定地方污染物排放标准。对国家污染物排放标准中已作规定的项目，可以制定严格于国家污染物排放标准的地方污染物排放标准。地方污染物排放标准须报国务院环境保护行政主管部门备案，另外，国务院环境保护行政主管部门还发布了很多有关环境监测管理与监测的技术规范、污染物监测方法和标准，也是国家标准的一部分。

1) 国家标准

A. 环境质量标准

主要环境质量标准有：

《地表水环境质量标准》（GB 3838—2002）

《地下水环境质量标准》（GB 14848—93）

《海水水质标准》（GB 3097—1997）

《环境空气质量标准》（GB 3095—1996）

《土壤环境质量标准》（GB 15618—1995）

B. 污染物排放标准

主要有：

《污水综合排放标准》（GB 8978—1996）

《城市区域环境噪声标准》（GB 3096—93）

《大气污染物综合排放标准》（GB 16297—1996）

2) 国家专门标准

是针对某一行业，某一类污染物排放控制或某一环境要素的质量控制而制定的国家标准，包括了某一行业或领域的环境质量标准和某一行业或环境范围的污染物排放标准。主要有：

《农田灌溉水质标准》（GB 5084—92）

《海洋水质标准》（GB 11607—89）

《生活饮用水卫生标准》（GB 5749—2006）

《自然保护区类型与级别划分原则》（GB/T 14529—93）

《城镇垃圾农用控制标准》（GB 8172—87）

《城镇污水处理厂污染物排放标准》（GB 1898—2002）

《磷肥工业水污染物排放标准》（GB 15580—95）

《农用污泥中污染物控制标准》（GB 4284—84）

《生活垃圾填埋污染控制标准》（GB 16889—1997）

《畜禽养殖业污染物排放标准》（GB 18596—2001）

3）行业标准

是由政府相关部门制定的某种污染控制或监测标准，限于本行业或部门的强制性标准，使用代表行业的字母编号。如：

《生活垃圾填埋场环境监测技术标准》（CJ/T 3037—1995）

《地表水和海水监测技术规范》（HJ/T 91—2002）

《环境影响评价技术导则》（HJ/T 2.1—2.4　1993—1995）

《水污染总量监测技术规范》（HJ/T 92—2002）

《水资源评价导则》（SL/T 238—1999）

《开发建设项目水土保持方案技术规范》（SL/T 204—98）

4）地方标准

结合地方的环境特点与技术背景而制定的本地区的标准，一般均严于国家标准。地方标准分为区域地方标准和流域地方标准。

流域地方标准是一些涉及流域范围内的几个地方政府共同制定或流域管理机构制定的污染控制标准，其效力范围仅限于本流域范围内。

区域地方标准是省自治区直辖市人民政府根据当地实际需要，并按照国家或行业标准的要求，制定颁布的污染物排放控制标准。

但是，多年来，我国水环境退化的趋势并未得到遏制，在法律方面的缺陷是其中的一个重要原因。

① 国务院各部委颁布的行政规章都是从本行业角度出发，甚至从部门利益来理解、执行《水法》和《污染防治法》，没有综合性、欠公正、合理性，各地执行起来多有困难。

② 地方法规是考虑本地区经济与环境状况来贯彻《水法》和《污染防治法》的。流域内上、下游省市、地区会有矛盾。

③ 所有水环境保护方面的法律都缺乏严肃性和严密性，只说应该做，没有

规定违法行为具体处罚规定，更没有刑事责任的具体规定。

④ 缺少流域层面上的水环境保护法。应综合流域上、下游各地区社会经济发展和水环境、水资源的协调关系建立流域水环境保护的法规。才能对流域管理起到支持和促进的作用。

2. 水环境管理机构

国家层面管理机构相关部分有：水利部、环境保护部、住房和城乡建设部、林业部、农业部、国土资源部、海洋局、卫生部、交通部、国家发改委、财政部、科技部等。其中最主要的政府机构有：环保部、水利部、住房和城乡建设部。

水利部是全国水资源管理和监督工作的水行政主管部门，协调生活、生产和生态环境用水，负责开发利用、节约保护水资源和防治水害政策的制定，组织实施取水许可证的发放和水资源有偿使用等。会同地方政府编制重要江河、湖泊的流域综合规划，报国务院批准。会同环保部门拟定重要江河、湖泊的水功能区划，报国务院批准。核定水功能区水域的纳污能力，向环境保护行政部门提出该水域的限制排污量意见。

环保部是对全国水污染防治实施统一监督管理的部门。水利管理部门、卫生行政部门、地质矿产部门、行政管理部门、重要江河的水资源保护机构，结合各自的职责，协同环境保护部门对水污染防治实施监督管理。

制定国家水环境质量标准，根据国家水环境质量标准和国家经济、技术条件制定国家污染物排放标准。会同计划主管部门，水利管理部门和有关地方政府，编制国家确定的重要江河流域水污染防治规划，报国务院批准。

审查批准建设项目环境影响报告书，监督"三同时"实施。

环保部还是中国生物多样性公约的实施机构。其他行政主管部门在水环境方面的职责分别为：

住房和城乡建设部负责城市供水系统、排水系统和城市污水处理厂的建设和管理工作。

林业部负责湿地自然保护区管理，水土保持生物措施的管理，是中国湿地公约的实施单位。

农业部负责农业用水循环活动管理，如灌溉、化肥与农药的使用、农业面源污染的控制。

国土资源部负责国土资源的保护和合理利用，地下水资源的管理。

海洋局负责海洋环境、近海水域水质保护、海洋生物资源的开发、保护和管理，近海水域水功能区划的管理与环保总局合作控制陆源污染。

卫生部负责饮水标准制定、环境卫生监督、水传染疾病的控制和公共健康。

交通部负责港口、船舶的污水处理与污染控制，港口与航运垃圾处理与管理等。

国家发展和改革委员会负责水资源、水环境方面的建设项目审批和国家计划。

财政部负责水环境建设中央一级的投资、还贷和财政监督。

科技部负责水环境科学与工程方面的科技开发、技术推广和研究计划。

以上政府各主管部门，从中央、地方省、市、县各级政府，均有对口的机构设置。是按照政府区划从上到下的管理。如省政府有水利厅、环保局、林业厅、农业厅、建设厅、发改委和财政厅，但是这些管理部门的业务管理权力限定在本职的行政范围内，他们不能跨出行政区域实施行政管理。在本行政区内执行国家相关管理政策，对整个流域的水环境管理而言，是分而治之，做不到全流域综合管理。

国家与地方政府的各个相关行政管理部门，按照自己本部门的立场、观念或是经济与权力利益来执行《中华人民共和国水污染防治法》和《中华人民共和国水法》，很难在一个流域内作统筹考虑、统一布置，这是我国水环境退化趋势至今尚未遏制的原因之一。

7.1.4 水环境管理的良好模式——流域综合管理

1. 我国流域综合管理的雏形

我国七大流域（长江、黄河、珠江、松花江与辽河、海河、淮河、太湖）都成立了水资源保护局，在水利部七大流域派出机构江河委员会中作为单列机构。初衷是水利部和环保部的双重领导，在各流域统一贯彻《水法》和《水资源防治法》。但是，现状还不能实现流域的综合管理，因为：① 双重领导处于名存实亡的状态，国家环保总局并没有授予流域水资源保护局的行政执法权，还是由水利部一家领导，还是单纯水利部流域派出机构中的一个单位；② 没有地方省、市的法规和行政的有力支持。尽管如此，仍可认为是我国流域综合管理的雏形，尤其是松辽流域水资源保护局具有一些流域综合管理的成分。它不仅是松辽委员会的单列机构，同时也是由三省一区主管副省长组成的松辽水系保护领导小组的办公室，得到了地方政府的授权和支持。

在水环境管理上，行业（水利、城建、环保等）管理是重要的，是水质管理和水污染控制工作的基础，没有各行业的工作，水质保护就欠缺特定的内容。但是，行业管理不能完全解决流域问题，几个水系水量与水质管理的肢解就是一个明证。区域的水环境管理也是重要的，这是工作的落脚点，没有各个省（市）的工作，水质保护也是一句空话，同样的省（市）管理也不能真正解决流域问题，跨界污染纠纷就是一个例证。由此，流域性水质与水量综合管理的概念很自然地被提出了。

早在1978年，国务院批准同意成立"松花江水系保护领导小组"，1986年又扩大为松辽水系保护领导小组，其办公地定为松辽流域水质保护局。领导小组组长为吉林省主管省长，副组长由黑龙江省、辽宁省主管副省长、内蒙古自治区主管副主席和松辽委员会主任担任。松辽水系保护领导小组是一个跨省（区）和跨流域的领导小组。在松辽流域水资源和水环境保护工作中，是履行指导、协调、监督、管理、服务职责的领导机关，它的办公室——松辽流域水质保护局既是松辽水系保护管理小组的办事机构，又是松辽委员会的流域水资源保护机构。

2. 欧盟水框架法令

欧盟水框架是成员团经多年综合欧洲国家所有成功经验与教训形成的统一的综合水管理政策。该法令汇集了水管理的现代理念。据此法令，欧盟的全体成员要遵守统一的水管理原则。其目的是，在2015年前，达到实现地表水良好化学和生态状况，地下水要有良好的化学与数量状况，以期保护、加强和恢复水环境。

管理机构框架是以流域地理单位为基础的，每个流域确定一个机构作为执行法令的职能部门。其职责是：

(1) 研究流域的特点，评价人类活动的影响并建立用水的经济分析；

(2) 编制每一个流域的流域水管理规划，在2008年内要公布包括水质目标的流域管理规划，并且每6年更新一次；

(3) 执行用水服务成本回收原则，包括环境与资源成本，并坚持"谁污染，谁治理"的原则，确立以水域水质标准为基础的排放标准，以取得从源头降低污染负荷之效。综合考虑水质目标和排放标准，以形成许可制度的基础；

(4) 监测地表水和地下水的保护区状况。

总之，在水环境管理方面中央政府担负主要责任，并将这些责任的重要部分委托给流域机构，即以自然疆界而不是行政疆界为基础进行管理。

3. 流域水环境综合管理

水环境与水循环和水资源是密不可分的，是地球上水运动的三个方面，他们相互依存，相互制约，并且存在因果关系。所以，水环境不是某个城市或某个地区的，而是流域的。因此，管理水环境的基本地理单元就是流域。我国应在流域层面上加强水环境综合管理，这是解决水环境严峻势态的有效途径，流域管理是在明确的流域、地域内通过跨部门跨地区的协调管理，贯彻《中华人民共和国环境保护法》、《中华人民共和国水法》和《中华人民共和国水污染防治法》实现流域社会用水健康循环，综合管理水质与水量，适度开发与有效保护水、土、生物资源。最大限度地适应水循环规律、维护与恢复水环境和水生态系统，确保江河湖泊和流域等水环境的健康，达到"我住长江头，君住长江尾，日日思君不见君，共饮一江水"这样上、下游水资源重复利用，人、水和谐的境地，实现经济、社会与环境方面的可持续发展。

这种流域综合管理正是2002年《水法》规定的"我国对水资源实行流域管理与行政区管理相结合制度"的最好形式。

(1) 综合管理机构

流域综合管理机构应是由中央部委、地方政府和相关水事部门的代表，共同构成的权力机构。国务院、水利部、环保总局和住房和城乡建设部应授予其相关行政执法权力。流域机构由各方协商决定水环境保护政策，具有地方法规效力，本流域各省（市）应纳入地方法规，认真执行。

同时流域机构有中央部委、地方政府主要领导参加，能反映各方面呼声和要求，还是省市间、地方和中央、中央各部委间流域水质、水污染、水资源有效利用和水环境方面的议事平台，并应有更多的公众参与，具备良好的协调作用。

大流域中，在流域综合管理机构下面应设置子流域综合管理机构，履行子流域范围内的水环境管理工作。

（2）综合管理机构的职责

流域综合管理机构的基本职责是在本流域内综合实施《水法》和《水污染防治法》，协调跨省市间水环境恢复方面的重大问题。其具体职责为：

1）建立符合流域特点的水环境法规体系

流域机构具有贯彻《水法》、《水污染防治法》，流域水资源开发和水污染防治的监督管理职能。

整合国家水资源保护和水污染防治方面的法律、行政规章，综合实施国家《水法》和《水污染防治法》。加强执行《水法》和《水污染防治法》的权力和能力。结合流域经济结构、生产布局和产业发展，从水资源、水环境保护方面，适时提出指导性和约束性保护政策。

建立流域水资源保护和水污染防治方面的综合条例、规章、办法及标准等法律规章体系。

2）负责编制流域水环境恢复规划

我国现阶段在流域和区域将水污染防治和水资源保护都分成两个规划。分别由环保和水利部门编制的。流域管理机构应组织水利、环保、农业、林业等部门共同编制，含水资源保护、水污染防治在内的水环境恢复规划。并经国家相关部门批准。

3）建立流域水环境恢复和用水健康循环工作的考核评估体系

结合流域水功能区管理工作，提出能反映流域水环境维系和恢复的工作成果的评价指标体系和考核办法。每年定期和不定期地监控相关指标，开展成绩跟踪与评价，找出存在问题。特别是省界水环境达标的考核，并与地区部门领导责任相联系。

4）水功能区管理

据水功能区划制定水环境质量标准，并以质量标准为基础确定污水排放标准，确立流域主要污染物总量控制指标，并进行监督检查。

5）负责流域重大建设项目环境影响评价报告书审批；流域大型新、改、扩建排污口的审批。

6) 监督并促进城市污水再生水厂和城市再生水供应系统的建设。

7) 建立公众参与机制

公众参与是对水系管理体制的补充和完善。水环境保护和恢复是一项公共事业，需要社会各方广泛关注和公众的积极参与。通常市民与民众团体在水环境方面的呼声是政府强化环境保护工作的动力。因此，流域机构应在参与机制、手段、宣传等方面加强力量。

8) 建立有效的信息共享机制

在流域层面上成立水环境信息管理中心，收集、整理流域水资源、水环境、水生态等方面的信息和数据，定期向国家及省市相关部门提供信息通告。为此要建立流域与省市水利、环保等部门的信息共享系统。统一规划和优化流域监测站网。对现有水利、环保部门两套系统的监测断面进行评价，按水功能区调整优化站网，进行断面最优化设置，并建立完善的流域实时、自动、在线和移动的水环境监测网络。

9) 加强流域健康优化状况诊断与评估

针对河流生态环境，应建立流域生态环境健康指标体系、评价体系及监测网络。对流域健康状况进行诊断和评估，为维持河流健康生命的管理和治理提供基础依据。

7.2 面源污染的控制

7.2.1 面源污染的形成

面源污染是指区域内广泛面积上分散性的污染。主要是降水或融雪等地表径流携带人为或自然污染物，由地表转入河流、湖泊、水库、地下水和湿地。污染源主要是农用化肥与农药、畜牧养殖和水土流失。

1. 农田径流

我国农田普遍大量使用化肥和农药，而且有逐年增加的趋势，但化肥有效利用率仅为27%～30%，农药有效利用率仅为10%～20%，导致大量残留化肥、农药随农田径流进入江河和地下水。

2. 畜禽养殖业

畜禽养殖业近几年内增长很快，大型牛、猪养殖场不断涌现。仅松花江流域总牲畜量从1980年的2564万头增加到2000年的4429万头。大量牲畜粪便污染了水环境。据统计，由于牲畜粪便的污染每年贡献第二松花江的COD_{Mn}达11059t，NH_3-N达2260t，每年排入嫩江的COD为790t，NH_3-N为163t。

3. 水土流失

流域水土流失也是一类面源污染。流失的有机物、营养物使地表水恶化，致使某些河流段在丰水期比枯水期水质还差。嫩江流域水土流失面积达 18069km^2，占流域面积 30%，土地沙化面积 5700km^2，占流域面积 29.5%，并且以7km^2/年的速度向北侵蚀。

面污染对水环境破坏的贡献率在全国各地几乎都大于城市生活和工业污染的贡献率。据亚行"农村非点源污染控制和管理研究（TA3891）"的调查表明，2001 年来自全国农村的 COD 污染负荷是来自城市和工业的 1.42 倍。2000 年松花江流域面源污染 COD$_{Mn}$ 负荷为 COD$_{Mn}$ 总污染负荷的 57%，其中嫩江流域面源污染 COD$_{Mn}$ 占总污染负荷的 85%。由于水土流失带入江水的腐殖质和有机物占重要地位。

7.2.2 面源污染对水环境的危害

1. 水环境退化——富营养化

面源污染时贡献给水体的多是腐殖质、有机物和 N、P 营养使水体的生产力旺盛，产生营养物累积，形成水体富营养化。当然，水体富营养化也可以是多年内生污染而自然形成的。但近几十年，由于开发活动造成严重的水土流失，大量牲畜粪便和化肥、农药随浇灌水、农田径流排入江河、湖泊，极大地加速了水体富营养化的进程。并且威胁着饮用水源。松花江干流流域、湖泊、水库的富营养化率已达 80%。

富营养化判别标准，采用综合指标，综合考察叶绿素、总磷、总氮、高锰酸钾指数、透明度来判别水体富营养化的程度。表 7-1 是判别标准。

水体富营养化判别标准　　　　　　　　　　表 7-1

营养程度	评分值	叶绿素 α (m^3/m^3)	总磷 (mg/m^3)	总氮 (mg/m^3)	高锰酸钾指数 COD$_{Mn}$ (mg/L)	透明度 (m)
贫营养化	10	0.5	1.0	20	0.15	10
	20	1.0	4.0	50	0.40	5.0
中营养化	30	3.0	10	100	1.0	3.0
	40	4.0	25	300	2.0	1.5
	50	5.0	50	500	4.0	1.0
富营养化	60	26.0	100	1000	8.0	0.5
	70	64.0	200	2000	10.0	0.4
	80	160.0	600	6000	25.0	0.3
	90	400.0	900	9000	40.0	0.2
	100	1000.0	1300	16000	60.0	0.12

判别方法是由水质分析化验结果对照表 7-1 中各项指标数值打分，然后求各项评分的平均值，判别水体营养累积程度，大于 50 分者，已有富营养化趋势。引发水体富营养化的重要因素是水体中 N、P 元素的数量，从表中可知，总磷大于 0.05mg/L，总氮大于 0.5mg/L 的水体已经富营养化了。富营养化的水体，藻类等水生生物过剩繁殖，有些藻类产生藻毒素，威胁饮水安全。同时，大量藻类堵塞取水口、滤池，给取水工程和净水工程设施的管理与维护造成麻烦。

2. 农业污染

农用化学产品，如化肥、杀虫剂和农药、薄膜的无节制使用，很容易造成农业污染，不仅对粮食安全和增长潜力构成威胁，对河川、湖泊、水库等地表水也构成威胁。

化肥和农药对农业增产有积极作用，农业工作者和广大农民都有切身体会，但其对农作物的质量和产量的稳定增长潜力却有长期、消极的影响。农药残留不仅影响农产品质量，而且通过食物还会威胁公众健康。杀虫剂不仅能杀灭害虫，还能杀灭大量的有益生物，如鸟类、青蛙和土壤里的微生物。损害生物多样性，造成农业生态系统的破坏和退化，削弱农业生态系统的养分循环和旱涝调节能力，使农业生态更加脆弱。如果遇重大自然灾害，农业生产会遭到重大破坏，粮食安全受到威胁。

7.2.3 面源污染的控制方法

面源污染的主要污染源是农业生产中过量的、不当使用的农药化学产品。控制面源污染首先要建立农业循环经济的概念和方法。其次要制定各流域、子流域系统的农村环境管理规划。建立面源污染控制策略体系、

具体控制方法如下：

（1）建立国家农业清洁生产的法规与技术规范，更新化肥与农药管理法规，鼓励能够减少污染的化肥与农药的生产和使用。把粮食生产与环境保护结合起来，把增产与土地资源的可持续利用结合起来。

（2）制定化肥与农药的质量标准，限制有毒污染物及残留物含量；建立农业优良耕作技术体系，针对作物确定化肥、农药和有机肥的施用量，施用时间和施用方法；同时加强推广农村技术服务体系，提高化肥、农药、有机肥的利用率。

（3）建立有机废弃物（含乡村人畜粪便、养殖场畜禽类粪尿、以及城市污水污泥等）再利用、再循环的规章制度。这些有机"废弃物"本来就是农田肥源，是农业营养物质循环的一环。在几十年的过程中，我国农村和城镇将肥源变成了污染源，今天应把污染源再变回肥源。

（4）在乡镇应着手建立生态卫生系统，支持循环农业经济和农业生态系统的健康发展。切不可盲目效仿城市，建立以"现代化"的水冲厕所为开端的排水系

统,而应将人的粪尿和牲畜、家禽废弃物统统源头分类,制作有机肥料回归于农田,延续农业生态的养分循环。

(5) 根据不同土地类型确定耕作类型和肥料施用量。采用平衡深施和精准施肥,适当应用长效缓释肥,鼓励使用有机肥,推广滴灌技术,提高水、肥的利用效率。

(6) 采用免耕轮作和其他农田保护技术,减少由于土地侵蚀导致的土壤养分的损失,应用缓冲带和生态沟渠降低农田肥料的流失。

(7) 开展面源污染控制措施体系与技术的研究,尤其是适合农村与农业的生态技术。

(8) 在各流域内建立绿色生态廊道,保护江河的生态环境。坚持"退耕还林"、"退耕还草"政策,保护天然林地和草场资源,减少土壤侵蚀和化肥农药的入河量。

(9) 宣传农业面源污染产生的原因和后果,告知农民兄弟平衡、正确的施用化学、有机肥和农药能够获得环境保护和增产、增收两方面的收益,并且给消费者提供安全放心的食品。

(10) 完善农业环境安全监测与评估体系。

7.3 工业点源污染的防治

工业点源污染是集中高强度的污染,对河川水质和水环境影响很大,往往是一个企业污染了一条河流。点源污染治理策略,应推行源头治理,预防污染物产生为主,末端治理辅之。

7.3.1 清洁生产

1. 什么是清洁生产

清洁生产是一种全新的发展战略,贯彻了循环经济的理念,它借助于相关理论和技术,在产品整个生命周期的各个环节中采取预防措施,通过生产技术、生产过程、经营管理和产品销售服务将物流、能量、信息各种要素有机结合起来,优化运行方式,从而实现最小的资源、能源消耗,产生最小的环境影响,达成最优化的经济增长方式。

清洁生产彻底改变了过去被动的、滞后的污染治理手段,强调在污染产生之前就予以控制和消减,在产品的生产过程和产品服务中减少污染物的产生,减少对环境的影响,达成经济发展与环境保护的"双赢",是实现循环经济和可持续发展的有效途径。

2. 清洁生产的主要工作与重大意义

清洁生产是一个系统工程，主要工作是：

(1) 提倡通过工艺改造、设备更新、废弃物回收利用等途径，实现"节能、降耗、减污、增效"，从而在降低企业成本。提高企业综合效益的同时保护自然环境。

(2) 强调提高企业的管理水平，提高包括管理人员、工程技术人员、操作工人在内的企业全员职工的经济观念、环境意识、参与管理意识、技术水平和职业道德的全面素质。

(3) 通过清洁生产节制物质消耗，提高资源能源利用率，提高"废物综合利用率"，减少和杜绝污染物的产生和排放。这一主动的人类与环境协调的行动，经过国内外实践证明，是控制环境污染的一项有效手段，可以实现经济效益、社会效益和环境效益的统一，是人类社会持续发展的有效途径。

清洁生产能够给企业带来经济效益，易为企业所接受。除了减少物耗、能耗，降低企业成本之外，还从根本上摈弃了依赖末端治理的弊端，通过对生产全过程的控制，减少甚至消除了污染物的产生，就会减少末端治理设施的建设投资和日常维护费用，减轻企业末端治理的负担。

3. 清洁生产的推进

清洁生产不能只是一种号召，一种企业自愿行为。各级政府及相关部门必须有强有力的行政管理手段和措施，才能将清洁生产不断推行下去。

(1) 强化宣传培训工作，采取灵活多样的方式，进一步加大有关清洁生产的宣传培训力度，使政府、行业及社会三方面对此工作有较全面的认识。对企业家进行清洁生产的培训，进行有关清洁生产知识教育，使他们真正意识到实施清洁生产能给企业、环境和社会带来重大效益，从而积极主动实施清洁生产。

(2) 建立完善的清洁生产法律、法规及政策体系。

在《国家清洁生产促进法》的基础上，制定各地方的《清洁生产审核机构管理办法》、《清洁生产审核验收办法》等法规体系，为清洁生产的实施提供相关的政策依据。

(3) 建立健全技术支撑体系，构建清洁生产技术支持平台，各省市应以环保局、清洁生产中心为管理、技术、信息平台。协调企业、科研部门、大专院校和咨询服务机构，共同对企业清洁生产实施中的技术难题进行培训、咨询、研发，及时为企业和科研部门提供清洁生产相关信息，保证企业清洁生产的持续高效。

(4) 各地环保部门要根据《清洁生产促进法》的规定，认真履行好相关职责。

从战略上推动清洁生产，做好强制性清洁生产审核工作，公布污染严重企业名单、指导企业进行清洁生产审核，做好清洁生产示范和推广工作，树立清洁生产示范企业，全面推广清洁生产技术，引导更多企业实施清洁生产。

7.3.2 有毒污染物的就地处理处置

现代工业科技的高度发展，在生产过程中，常常产生重金属、有毒、有害污染物和人工合成难降解物质。对水生态系统和人体健康都有长远的影响，这些有毒有害污染物不宜排入下水道进入污水处理厂与其他城市污水一并处理。因为被大量污水稀释后，很难去除或更难经济地去除，在产出地点、车间或工厂就地进行处理和处置才是经济可行的，而且减少对排水管网、再生水厂、污泥处置等操作管理的危害。这些污染物有重金属、高含油废水、含氰废水、放射性废水、微量人工合成有机物等等。这些污染物的处理与处置技术大多都是成熟的，个别情况还可以通过单元技术攻关研究解决，如果混入城市污水处理厂，情况就复杂化了。

(1) 重金属废水

重金属废水来源主要是矿山坑内排水、废石场淋浸水、选矿厂尾矿排水、有色金属冶炼厂除尘排水、有色金属加工厂酸洗水、电镀厂镀件洗涤水、铁厂酸洗排水，以及电解、农药、医药、油漆、颜料等工业。废水中重金属的种类、含量及存在形态随不同生产企业变化较大。目前对重金属废水的处理技术，主要有化学沉淀法、氧化还原法、离子交换法、吸附法、膜分离法、生物法等。

(2) 高含油废水

含油废水的来源很广，主要分布于石油开采加工、石油化工、冶金及机械工业和海上运输业等。其主要成分包括：轻碳氢化合物、重碳氢化合物、燃油、焦油、润滑油、脂肪油、蜡油脂、皂类等，这些油分一般以浮油、分散油、乳化油、溶解油四种形态存在。目前，处理高含油废水的方法主要有隔油法、浮选法、混凝法、膜分离法和高吸油树脂法等。

(3) 含氰废水

含氰废水主要来源于制造腈纶纤维、丁腈橡胶、工业塑料和合成树脂等领域。目前其主要去除方法有物化法、氧化法、电解法、生物法、高温水解法、焚烧法以及辐射法等。

(4) 放射性废水

由于放射性元素只能靠自然衰变来降低消除其放射性，故其处理方法一般为贮存与扩散两种。放射性废水的主要去除对象是具有放射性的重金属元素，与此相关的处理技术有化学沉淀法、气浮法、生化法、蒸发法、离子交换法、吸附法和膜法等。

(5) 环境激素和持久性有机物

环境激素（又称环境荷尔蒙 environmental hormone，内分泌干扰物 endocrine disrupting chemicals，简称 EDCs）是一类存在于环境中能进入人体内部，具有类似雌性激素的作用，危害人体正常激素分泌的化学物质，多数是人工合成并随着人类生产和生活排放到环境中的污染物。美国国家环保局（EPA）对环境激素影响内分泌系统的具体过程描述如下："对生物的正常行为及生殖、发育相关的正常激素的合成、贮存、分泌、体内输送、结合及清除等过程产生障碍作用"。

目前在我国及世界其他区域的河川、湖泊水体之中检测到了内分泌干扰物（EDCs）和持久性有机物（POPs），共计70余种，他们来自含有农药、化肥的农田径流，含有农药、化肥原料物质的工业废水以及含洗涤剂的生活污水。有些内分泌干扰物质（也称环境激素）也是持久性有机物如：多环芳烃（PAHs）、滴滴涕（DDT）、六氯苯（HCB）、多氯联苯（PCBs）等。随着工业科技的高度发展，城市化进程的热潮，工业排放的EDCs和POPs种类和数量与时俱增，未经有效处理排入江河；由于农田施用农药毫无节制，含有EDCs和POPs的农田径流汇入水体，甚至渗入地下水中，威胁着地下、地表水源的水质安全。

虽然这类物质和他们的次生污染物与常规有机物相比数量微少，在水环境中的浓度单位量级为"$\mu g/L$"、"ng/L"甚或更低的水平，对监测指标COD、BOD几乎没有什么贡献，但是对水环境、水生态和人类的健康危害甚大，对人类和生态的影响具有滞后性、隐蔽性和潜在性，可使生物代谢紊乱，阻碍生长发育，出现生殖缺陷、致癌、致畸等严重后果，影响生物繁衍，威胁人类的生存和发展，因此，消除水环境中的EDCs和POPs是人类的又一生存挑战。消除水环境中的这类物质，只能从源头做起。首先，还是上节所讨论过的清洁生产，改革工业产品的生产工艺，减少或杜绝这些物质的生产和销售。其次是应对这些物质的输送、应用和处置加以调控。对含这类物质的废水应进行回收处理与处置，勿使之排入下水道和城市污水处理厂，目前对于废水中的环境激素和持久性有机物的处理方法主要有活性炭吸附法、臭氧氧化法、光催化降解法和生物降解法等。

第8章 流域水环境恢复与城市水系统健康循环战略规划实例

水资源短缺，水环境恶化在我国城市普遍存在，这一态势目前仍没有得到根本遏制，而且还有加剧的趋势。水危机日益威胁着社会经济的发展和人民的正常生活。如果我国从现在开始仍然不能采取切实有效的措施遏制水污染，其带来的损失完全可能会抵消我国的经济增长，并且可能造成无法逆转的环境后果。

对于如何解决水资源短缺，恢复良好的水环境，我国众多科技工作者进行了大量的技术研究，取得了一系列成果。如仅在污水的生物处理方面，目前就有几十种工艺，而且新工艺不断涌现。这些技术成果在解决水资源短缺和控制水污染方面发挥了相当大的作用。但是如何采用这些技术，更好地发挥其作用，从宏观上进行战略决策，提出系统的解决方案则是更高层次的问题，也是首先要解决的问题。

本章通过对水的社会循环详细分析，认识到传统水事观念的谬误，因此从全局的角度出发，抛开专业局限，提出较为系统完整的水危机解决方案。并应用水环境恢复和城市水系统健康循环的观念和方法进行了国家中长期科技发展战略规划有关部分的研究，完成了深圳特区、大连市、北京市及第二松花江流域水环境、水资源和水循环方面的战略性规划研究工作。这意味着我国水环境恢复工作的全面展开。

8.1 深圳特区城市中水道系统规划

深圳特区处于南海之滨，属于亚热带海洋气候，枕山面海河流短小，均为季节性雨源河道。深圳河是特区最大河道，从东向西流去，是深圳和香港的界河，全长仅 37.8km，全年径流量 $2.11\times10^8 m^3$，但丰水期占 87.2%，最枯流量不到 $1m^3/s$。其余河流如沙湾河、布吉河、福田河、新洲河、大沙河等都是由北向南流入深圳河湾，流程更为短小，是泄洪和排污的渠道。全区河流水质均发黑发臭，劣于V类标准。

虽然依靠东深引水工程和东部引水工程可暂时满足特区目前的用水需要，但水的供需矛盾已经越来越突出。

8.1.1 创建深圳特区中水道系统的必要性

(1) 解决水资源短缺矛盾

2000 年的供水量为 $4.4 \times 10^8 \, m^3/a$，尚能满足现状需求，但目前特区处于第二次创业阶段，对水的需求量必定会有较大增长。据相关规划，到 2010 年特区需水量将达到 $9.08 \times 10^8 \, m^3/a$，而最大可能调用的水资源量为 $7.68 \times 10^8 \, m^3/a$，缺口 $1.4 \times 10^8 \, m^3/a$。将污水处理厂变为再生水厂生产再生水，建立以污水为水源的城市第二供水系统（城市中水道），实现水资源的再生再循环是深圳市水资源可持续利用的有效而实际的途径。

(2) 改善和恢复特区水环境

长期以来，人们对深圳地区水资源、水环境的脆弱性没有足够认识，致使特区内几条河流的水质受到严重污染，城区河段水质劣于国家地表水Ⅴ类标准，黑臭的河水损害了特区园林式国际化大都市形象，影响了居民生活和身心健康。2000 年，深圳特区日处理污水量为 $60 \times 10^4 \, m^3/d$，处理率为 56%，居全国领先地位。根据《中国可持续发展水资源战略咨询报告》中的预测和估算，如果仅依靠加快城市污水处理厂的建设，即使全区污水处理率达 80%、90%，甚至 100% 也满足不了水环境恢复的要求，必须进行污水深度处理和再生回用。

城市再生水道的建设为特区水环境改善提供了一个契机。从污水净化技术来看，二级生化处理只能去除大部分悬浮物（SS）和大部分有机污染物（BOD_5），但对难降解的有机物和 N、P 营养物的去除效率很低。如果把污水处理厂处理流程和处理程度提升到深度净化，把污水处理厂变为再生水厂，成为再生水系统的供水水源，供给工业、市政、河床补给等再生水用户，不但可以减轻自然水资源的需求，同时也大幅度地减少了排入城市水体的污染物。因此，特区城市再生水道的创建是缓解水资源日趋紧张、恢复城区河湾水环境、建立特区用水健康循环的有效途径。

(3) 节约水资源建设与水环境治理投资

城市污水在城市水资源中占有重要的地位，它与开发远距离自然水资源相比具有明显的经济优势，它可以节约水资源费和巨额的远距离输水管道建设费用和输水用电费。深圳市东深引水工程从东莞桥头取水，经过多级泵站提升输送到深圳水库，输水线路长 58km，总扬程为 69.37m；东部引水工程从惠阳的东江和西枝江取水到深圳的松子坑水库，输水线路长 56km，再从松子坑水库转输到西沥水库和铁岗水库供特区和宝安区使用，输水线路又延长近 50km，总扬程为 71.1m，年用电量 $3.02 \times 10^8 \, kW \cdot h$，年电费 2.72 亿元。而污水再生回用基本是就地取水，无需远距离调水。

综上可见，特区应当充分利用城市污水资源，然后再考虑境外引水。

本规划切实地指出再生水用户，预测他们的再生水需求量，规划再生水水源与供水系统。其直接目的是开发城市第二水源，缓解水资源紧张的矛盾。更深层次的意义在于减轻内河与海域的污染，为创建健康水循环做一个良好开端，从而逐步恢复深圳地区的内河与海域水环境，促使特区水资源的可持续利用。

8.1.2 再生水用户研究

经过走访和问卷调查，查阅了历年统计资料，掌握了各产业部门用水的历史、现状和发展需求，了解和分析了用水部门对再生水利用的心态和意愿，发掘出的特区再生水用户和潜在再生水用户可分为以下五类：

(1) 农业用水

特区内农业用地逐年减少，到2010年将减至4万亩，农业用水不是特区主要的再生水用户。但是农业用水对水质的要求不苛，污水中N、P等营养物质不需去除，可利用简易的沟渠输水，灌溉后尾水的水质可得以进一步改善，而且农户普遍欢迎使用再生水灌溉。由此看来，农业仍不愧为首选的再生水用户，农业再生水潜力约为 $450 \times 10^4 \mathrm{m}^3/\mathrm{a}$。

(2) 工业用水

深圳特区是以低耗水的电子通信等高新行业为主导产业，占工业总产值的40%之上。20世纪末特区工业总取水量为 $23.6 \times 10^4 \mathrm{m}^3/\mathrm{d}$，到2010年工业取水量将达到 $34 \times 10^4 \mathrm{m}^3/\mathrm{d}$，万元值取水量为 $8.06 \mathrm{m}^3/$万元。用水效益居全国领先地位，当然与国际先进水平相比还有相当大的差距。电力工业产值在工业产值中的比例不高，但其用水量却很大，其取水量为总工业取水量的1/3左右，主要用于循环冷却水系统的补水。特别是位于南山区的南山热电厂、月亮湾电厂和妈湾电厂，三家冷却水的补充水量达 $5.7 \times 10^4 \mathrm{m}^3/\mathrm{d}$。冷却水对水质要求低，是国内外再生水的广泛市场，此外，再生水还可以用于工业生产过程的各方面。据预测到2010年特区工业再生水用量为 $15 \times 10^4 \mathrm{m}^3/\mathrm{d}$。

(3) 绿化园林

到2010年特区内将建成市级公园11座，区级公园25座，总面积达1217 hm^2；人工开发的旅游、休疗养及健身场所，包括高尔夫球场、游乐场等占土地面积 $23.66 \mathrm{km}^2$，区划组团绿化隔离带 $10.10 \mathrm{km}^2$，沿道路、河流绿化带 $1000 \mathrm{hm}^2$ 以上，这些以及散落在建筑小区中的绿地等都有大面积需要常年浇灌的草地、灌丛和树林，用水集中量大，是再生水的重要用户。据现场调查结果，自来水公司供水能力不堪重负，同时水费昂贵，很多绿地采用地下井水、雨水和未经处理的污水为水源，不仅水量没有保证，而且也存在着安全隐患，管理人员普遍希望尽快落实使用再生水浇灌。再生水用于绿化有良好的群众承受基础。按每平方米绿地年均用水量 $0.336 \mathrm{m}^3$ 计算，特区绿化用再生水需求水量为 $7.73 \times 10^4 \mathrm{m}^3/\mathrm{d}$，是再生水的主要用户。

(4) 河湖生态景观用水

特区河流有明显特征：① 河流短小，流长均为 20～30km，除深圳河从东向西流之外，其他都是从北向南流，其中深圳河支流有沙湾河、布吉河和福田河，独立入海河流有大沙河、新洲河、盐田河等；② 雨源型河道，径流决定于降雨，流量季节性变化很大。降雨集中于 5～9 月，占全年降雨量 85%，全区最大河流深圳河最枯流量不到 $1m^3/s$，其他河流则多有断流、洪水时则泛滥成灾；③ 几乎全部河流水质都劣于国家地面水 V 类标准。截流两岸污水，用再生水补给来增加枯水期流量，是改善特区水环境、改善水质、复活内河清流的有效办法。根据河流的具体情况，每条河流枯水期补充基流用水从 $1.0\times10^4\ m^3/d$ 到 $2.5\times10^4\ m^3/d$ 不等，总生态基流需水量为 $13.5\times10^4\ m^3/d$。

(5) 市政杂用水

包括环卫用水、消防、建筑施工降尘用水、洗车用水等。

综上，2010 年各种再生水总需求量约为 $49\times10^4\ m^3/d$。

8.1.3　特区污水深度处理与再生水道规模研究

将特区污水处理厂升级为污水再生水厂，其终极目的是将全特区污水进行处理、净化和再生，部分回用于区内各用水户，部分则向内河排放高质量的放流水，从根本上改善内河水质，从而恢复深圳河湾的水环境和水资源的可持续利用。《深圳特区城市中水道系统规划》是恢复深圳河湾水环境的第一步，是从实际出发，在有限投入下，同时收到水资源、水环境的双重效益。城市中水道系统按 2010 年全区再生水需求量 $49\times10^4\ m^3/d$ 进行规划，同时各再生水水厂深度处理规模也与其相适应。在此基础上，逐年发展再生水用户、增大再生水道规模，当各方面条件成熟时全区污水都要进行深度处理，除作为城市中水道水源之外，多余的高质量的再生水排入河流，全面恢复深圳河湾的水环境。

8.1.4　再生水厂与再生水供水管道规划

深圳特区枕山面海，地势总体上是呈北高南低、东高西低之势。东西长 49km，南北平均宽 7km，面积 $391.71km^2$。从东到西现有五座污水处理厂即：盐田、罗芳、滨河、福田、南山污水处理厂。均处于短小内河下游海边，但距市区用户并不远。所以基本上以现有和规划污水处理厂为再生水厂，增加相应深度处理流程，达到再生水水质标准。以再生水厂为中心构筑组团式的再生水管网，就近供给再生水用户。将来有可能各组团互相连接成为全特区的再生水供应系统，见图 8-1 和表 8-1。

第8章 流域水环境恢复与城市水系统健康循环战略规划实例　　165

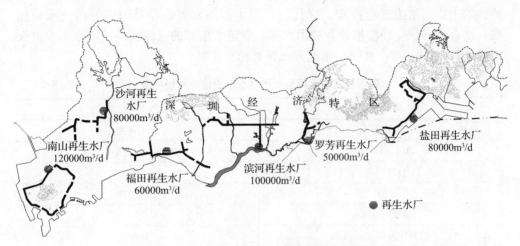

图 8-1　深圳特区再生水道系统总体布置图

深圳特区规划再生水厂概况　　表 8-1

	再生水厂名称	规模 ($10^4 m^3/d$)	供水管道长 ($DN300\sim1200$)	供水区域和主要用户
1	南山	12	31.37	前海港、赤湾港工业区、南油和蛇口等工业区；南山、月亮湾等热电厂；四海、景园等公园绿化用水
2	沙河（规划）	8	19.4	高新技术产业园区；中山、荔香公园，名商、沙河等高尔夫球场及组团隔离带绿化用水；大沙河补给水
3	福田	6	24.38	世界之窗、民俗村、锦绣中华、香蜜湖度假村、皇岗公园等绿化用水；侨城、车公庙和金地等工业区
4	滨河	10	23.76	上步、八卦岭等工业区；莲花山、笔架山、洪湖等公园绿地用水；新洲河、福田河、布吉河等生态用水
5	罗芳	5	9.74	莲塘工业区；东湖公园绿化及沙湾河生态用水
6	盐田	8	26.09	沙头角保税区、盐田港；沙头角河、盐田河生态用水

8.1.5　推荐城市再生水道水质和污水再生全流程

为了简化再生水供水管道系统，宜采用能满足大多数再生水用户的统一水质标准。而对那些水质要求较高的个别用户，可以再生水道水为原水另行再净化。

特区的主要用水为工业冷却、绿化、河湖生态用水等,参考国内外相关水质标准。结合特区社会经济情况及技术水平,制定了推荐的《深圳特区城市中水道水质标准》,见表8-2,其与国家地面水Ⅳ类标准相近。

深圳特区污水再生回用供水系统推荐水质标准　　　　　　　表8-2

项　目	推荐水质标准
外观	无不快感
pH	6.5~8.5
色度（度）	25
嗅	无不快感
浊度（NTU）	5
溶解性固体（mg/L）	1000
SS（mg/L）	5
BOD_5（mg/L）	4~8
COD_{cr}（mg/L）	30
TN（mg/L）	10
TP（mg/L）	0.5
总硬度（以$CaCO_3$计（mg/L））	450
氯化物（mg/L）	250
阴离子合成洗涤剂（mg/L）	0.3
铁（mg/L）	0.3
锰（mg/L）	0.1
细菌总数（个/mL）	100
总大肠菌群（个/L）	50

按照水质要求设计了污水再生全流程,即从一级处理经二级生化处理到深度净化的全流程。在各处理单元中合理分配去除污染物负荷和确立阶段水质目标,以期达到全流程的投资与运行费用最省,降低再生水成本。据课题组研究成果,制定了如图8-2所示流程。

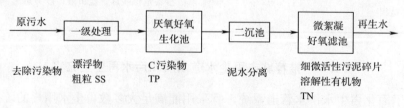

图8-2　污水再生全流程

流程中采用的厌氧—好氧活性污泥法与普通活性污泥法相比，在容积负荷、污泥负荷相当的条件下，可以同时去除有机物和营养物质 P。好氧滤池的内涵更加丰富，担负着去除细微 SS 和溶解性有机物的任务，同时也可采用好氧内生脱氮技术，或者 anammox 技术达到脱氮的目的。

8.1.6 城市再生水道的效益

(1) 经济效益：在精心规划下，建设城市中水道系统，不仅可以达到节省自然水资源、削减污染排放负荷改善水环境的目的，同时还给社会带来可观的经济效益。深圳特区建设 $49\times10^4\,\mathrm{m^3/d}$ 规模的再生水道系统，总投资近 6 亿人民币，制水总成本为 $0.4\,\mathrm{元/m^3}$，单位电耗 $0.162\mathrm{kW\cdot h/m^3}$。如果在当地建设同样规模的以东深引水工程和东部引水工程为水源的自来水厂，总投资要近 14 亿元，制水总成本为 $0.94\,\mathrm{元/m^3}$，单位电耗 $0.570\mathrm{kW\cdot h/m^3}$。

(2) 环境效益：城市中水道系统为 $49\times10^4\,\mathrm{m^3/d}$，每年可削减内河和深圳湾污染负荷 BOD 4500t，COD 12050t。这对深圳湾水域的水质改善起着重大作用。

(3) 社会效益：为深圳特区增加了 $1.8\times10^8\,\mathrm{m^3}$ 的可靠水资源。同时改善了深圳地区内河与海域水环境，对城市社会经济的健康发展、水资源恢复具有重大促进作用。

8.2 北京市水环境恢复与水资源可持续利用战略研究

8.2.1 概　况

北京位于华北大平原北端，区域地势由西北向东南倾斜，北部为燕山山脉军都山，西部为太行山脉西山，两条山脉于昌平关沟附近交汇，形成一个向东南展开的圆形山湾，它所围绕的平原即北京小平原。北京属温带半干旱半湿润季风气候，四季分明，多年平均降水量为 595mm，时空分布极不均匀。多年水面平均蒸发量为 1120mm，其中陆面蒸发量为 450~590mm。

市区内有通惠河、凉水河、清河和坝河担负着市区排水任务，大都由东向西排入北运河。市区内尚有湖泊 26 处，总面积 $600\mathrm{hm^2}$，多为皇家园林和公园观赏水面，在汛期担负着洪水调蓄任务。市区之外，东部有蓟运河水系的泃河、潮白河、北运河（温榆河），西部有永定河和大清河水系的拒马河、大石河。

全市分 18 个区县，总面积 $16800\mathrm{km^2}$，四环内中心区面积 $324\mathrm{km^2}$。2002年全市人口 1423 万人。其中市区人口近 1000 万人，人口密度 3 万人$/\mathrm{km^2}$，是世界上人口密度最大的城市之一。2002 年国内工业总产值（GDP）3212.7

亿元。

8.2.2 水资源与水环境现状

北京年均降水总量 $99.96 \times 10^8 \mathrm{m}^3$，形成地面径流 $21.98 \times 10^8 \mathrm{m}^3$，地下径流 $27.09 \times 10^8 \mathrm{m}^3$，扣除重复计算量 $9.08 \times 10^8 \mathrm{m}^3$，北京地区水资源总量为 $39.99 \times 10^8 \mathrm{m}^3/$年，外境来水为 $16.50 \times 10^8 \mathrm{m}^3$，水资源总量为 $56.49 \times 10^8 \mathrm{m}^3$。据《北京市水源规划》和《21 世纪初期（2001～2005 年）首都水资源可持续利用规划》数据，2010 年北京市可供水量平水年（50%保证率）为 $40.88 \times 10^8 \mathrm{m}^3$，偏枯水年 $37.34 \times 10^8 \mathrm{m}^3$（75%保证率），枯水年 $33.99 \times 10^8 \mathrm{m}^3$（95%保证率），其中地下水量均为 $26.33 \times 10^8 \mathrm{m}^3$。经各种方法对北京市工业、农业和生活需水量进行预测，到 2010 总需水量为 $44.51 \times 10^8 \mathrm{m}^3$，其中工业 $10.64 \times 10^8 \mathrm{m}^3$，农业 $15.55 \times 10^8 \mathrm{m}^3$，生活 $14.27 \times 10^8 \mathrm{m}^3$。枯水年将缺水 $10.52 \times 10^8 \mathrm{m}^3$，平水年缺水 $3.63 \times 10^8 \mathrm{m}^3$，见表 8-3。

2010 年北京市水资源供需平衡表 表 8-3

序 号	项 目	水量（$10^8 \mathrm{m}^3$）		
1	水文年	50%	75%	95%
2	供水量	40.88	37.54	33.99
3	需水量	44.51	44.51	44.51
4	平衡结果	−3.63	−6.97	−10.52

近年来北京市水污染严重，作为北京市西部工业生活用水的主要水源之一官厅水库受到严重污染，入库水质超过国家地面水 Ⅴ 类标准；市区内清河、坝河、通惠河、凉水河等 4 条主要排水河道及其支流的多项水质指标均超过国家地面水 Ⅴ 类标准。

到 2003 年底，全市污水处理能力达 $188.6 \times 10^4 \mathrm{t}$，其中城区处理能力为 $158 \times 10^4 \mathrm{t/d}$，城区污水量为 $217.67 \times 10^4 \mathrm{t/d}$，污水处理率为 56%。污水产生量与排放负荷预测见表 8-4。

2010 年污水产生量预测 表 8-4

年 份	污水产生量与处理状态			排放污染负荷（$10^4 \mathrm{t/a}$）		
	污水产生量（m^3）	处理量（m^3）	处理率	TN	TP	COD cr
2000 年	89169.5	35094.8	39.4%	4.6	0.48	22.44
2010 年	101300	91170	90%	4.25	0.35	12.66
实际要求				2.48		<7.8

由表 8-4 可见，2010 年污水处理率达到 90% 时，进入环境中的 COD 污染物负荷将降至目前负荷的 56%，城市水环境将有所改善，但是 TN、TP 排放量与 2000 年相比减少甚微。再加上北京市水环境脆弱，水体富营养化趋势还会加剧，水环境质量并没有好转，与绿色奥运的要求有相当距离。

长期以来人们对于"地球水环境和水资源是有限的"这个事实没有一个清醒的认识，从而导致了用水无度发展，污水治理严重滞后，超过了北京地区水资源的承载力和水环境容量，对水环境造成了严重污染，致使有的水源逐渐丧失了其使用价值，加剧了水资源短缺，官厅水库就是典型的一例。要改善北京地区水环境实现水资源可持续利用，必须尊重地球上水自然循环的规律，建立北京及其上游地区健康的水循环。水健康循环是全流域全社会复杂的系统工程，将北京市的水环境改善仅仅寄托在污水二级处理普及率之上是远远不够的。必须进行北京市水环境恢复与水资源可持续利用的系统研究，制定一个整体性的可操作性的战略规划并按其执行。

8.2.3　北京市水环境恢复与水资源可持续利用方略

(1) 节制用水

1) 农业节水：近 20 年来北京农业节水的重点放在调整农业产业结构上，大面积高耗水农业作物退出了种植结构，农业总用水量逐年下降，1980 年农业用水高达 $31.9\times10^8 m^3$，1990 为 $20.29\times10^8 m^3$，2000 年降为 $16.49\times10^8 m^3$，预计到 2010 年将进一步降为 $10.89\times10^8 m^3$。但是据调查，农业用水的下降是由于压缩种植面积和调整农业结构形成的，灌溉水的利用效率并没有提高（1996 年为 0.42，2000 年约为 0.5），亩均用水量并没明显减少，与先进国家的利用系数 0.8~0.9 相比相差甚远。如果通过发展节水灌溉技术，将灌溉水利用系数提高到 0.7，则 2010 年农业用水可由 $10.89\times10^8 m^3$ 减少到 $7.78\times10^8 m^3$，可再节水 $3.11\times10^8 m^3$。

2) 工业节水：北京市从 1981 年起大力发展节水工作，工业万元产值耗水由原来的 $357 m^3$，下降到 $30 m^3$ 之下，水的重复利用率由 48.57% 提高到 87.73%。近 10 年来工业产值大幅度增长，工业用水量却逐年下降，出现了显著"负增长"。这是由于通过产业调整结构，高耗水、高污染的造纸、纺织、印染等产业相继退出北京和逐渐提高工业用水重复率、冷水循环利用率而取得的良好效果。但是，目前黑色冶炼及压延加工业、化学原料及化学制品制造业、石油加工这三大耗水大户的行业总产值仍占工业总产值的 19%，1999 年在全市工业用新水补给量 $7.58\times10^8 m^3$ 中上述三行业占 37%。今后北京市工业节水重点仍是进一步加强产业结构的调整，同时倡导清洁生产、节水工艺、提高工业用水效率水平。如果到 2010 年全市工业用水重复利用率达到 90%，冷水循环率达 96%，万元产值

取水量降到 $17m^3$/万元，单位产品耗水定额接近国际先进水平，就可以节水 $1.12×10^8 m^3/a$，其中规划市区为 $0.52×10^8 m^3/a$。

3) 生活节水：居民用水的 1/3 为冲厕所用水，冲厕水箱和节水水龙头等节水器具的普及是生活节水的关键。2000 年城市节水器具的普及率为 50%，如果到 2010 年节水器具的普及率居民生活能到 90%，公共建筑能接近 100%，就可以节水 $4000×10^4 m^3/a$。北京市规划区绿化覆盖面积占 40.2%，公共绿地达 $5942hm^2$，人均 $9.4m^2$，如果 2010 年节水灌溉面积由 2002 年的 50% 提高到 80% 以上，就可节水 $500×10^4 m^3/a$。2002 年全国自来水漏失率平均达 21.5%，每年损失 $100×10^8 m^3$ 自来水。北京城区供水管网"跑、冒、滴、漏"现象很严重，年漏失量超过 $1×10^8 m^3$，漏失率达 17%，与国际各大都市的损失率小于 10% 相比，节水潜力还很大。到 2010 年如果漏失率降低 1~2 个百分点，就可节水 $800×10^4$~$1600×10^4 m^3/a$。

通过以上措施，到 2010 全市总计可节水 $4.89×10^8 m^3$，其中规划区可节水 $1.52×10^8 m^3$。

(2) 污水深度处理与再生水循环利用

2000 年北京市区产生污水量 $8.9×10^8 m^3$，污水处理率为 39.4%，到 2010 年预计产污水量 $10.13×10^8 m^3$，处理率将达 90%，届时 COD 排放负荷量将由年 $21×10^4 t$ 减至 $9×10^4 t$。为此十年间北京市要增加 30 亿元建设资金和每年 2 亿元的运行费用，但是如前所述，水环境质量仍不能根本改观。如果进一步将污水深度净化生产再生水，不但可以获得可观的再生水资源，而且还可以显著地改善水环境质量。经过调研和详细预测，到 2010 年北京市农业、工业、绿化、河湖、市政等方面再生水需求总量为 $8.72×10^8 m^3/a$。通过城市再生水道系统的建设和投产，以再生水替代农业、工业冷却、绿化、市政杂用的自来水，污水回用率可达 47.7%。不仅可以弥补北京市水资源的不足，同时也减少了内河、湖泊的污染，为天津的水资源利用和水环境恢复提供了有利条件。这种城市范围上的大规模再生水供应系统是北京市建立水健康循环的切入点，是发展循环经济的基础。

(3) 修复城区雨水水文循环

北京规划区面积 $610km^2$，多年平均降水量 595mm，年平均降雨总量 $3.6×10^8 m^3$。城区不透水地面占 1/2，暴雨时即形成径流通过内河出境而入海，由于暴雨径流占径流总量的大部分，这部分径流损失约为 1.0~$1.5×10^8 m^3/a$。如果减少不透水铺砌，建设雨水渗透和贮存设施，收集屋面、广场、庭院、道路上的降雨，使之渗入地下补给地下水或贮存净化有效利用，就可以修复市区的雨水水文循环，起到削减洪峰，充分利用暴雨径流的作用。对地下水涵养和中、小河流的枯季流量的恢复有显著作用。

(4) 污泥土地利用

2000年北京市区污水处理能力为 $130\times10^4 m^3/d$，处理率为 39.4%，污泥产量 650t（含水率 80%）。到 2010 年污水处理能力将增至 $300\times10^4 m^3/d$，处理率达 90%，污泥产量将至 1500t。目前每天产生的污泥被送到大兴等几个郊区污泥消纳场，堆积如山，占据大量土地，污染地下水，恶化周边居民生活环境。这些污泥是来自于农作物的天然有机物肥料，回归农田是其正当归宿。

北京郊区农田总面积为 $6\times10^4 hm^2$。目前弃城乡有机肥料而不理，大量使用化肥，而且用量在年年增加（近年来全市用量达 $20\times10^4 t$，平均每公顷 300kg，是世界施用化肥量最高的地区），大量施用化肥致使土壤肥分失调，并有盐化板结趋势。利用污水处理厂污泥和城市有机垃圾堆肥，制作生物肥料施于农田，可解决土壤劣化，提高农田抗旱、抗涝、抗污染的能力和 N、P 流失的问题，解决长久以来的农田径流污染水体的农业难题。尤其对水源上游如密云县，停止使用化肥对减少水库 N、P 污染有不可替代的作用。同时污水处理厂销售生物肥料会有明显收入（据淄博市的实际资料，每吨可获利 200 元），可弥补污水、污泥的处理费用。

8.2.4 方略实施的预期效果

上述方略实施可获得巨大的社会与环境效益：

(1) 可以增加水资源量 $14.11\times10^8 m^3$，占北京市多年平均水资源总量的 25%，占可利用水量的 40%～60%，仅此就可以实现北京市 2010 年水的供需平衡。

(2) 可以大幅度降低排放污染负荷量，其中 CODcr 削减 $5.24\times10^4 t/a$，TN 削减 $1.8\times10^4 t/a$，TP 削减 $0.2\times10^4 t/a$。2010 年污染排放负荷 CODcr 将降至 $7.42\times10^4 t/a$，改善率达 41%；TN 将降至 $2.45\times10^4 t/a$，改善率达 42%；TP 将降至 $0.15\times10^4 t/a$，改善率达 57%。

8.3 大连市海水与污水资源战略研究

大连市位于辽东半岛最南端，流经市区的各条河流如马栏河等都是流程短小、雨源型季节性河流，污染严重，均属 V 类和劣 V 类水体，是我国最缺水的城市之一。城区用水主要靠碧流河和英那河上游大型水库长距离引水供应，在 95% 保证率的水文年可引水量最大限度为 $4.46\times10^8 m^3/a$，境内小型水库可供 $1.03\times10^8 m^3/a$，可供水资源总量为 $5.49\times10^8 m^3/a$。据预测大连市规划区内 2010 年需水量为 $6.10\times10^8 m^3/a$，2020 年为 $7.5\times10^8 m^3/a$，

分别缺水 $0.61\times10^8\,m^3$ 和 $2.02\times10^8\,m^3$，缺水阻碍着这个北方名港现代化国际都市的建设进程。有些专家提出了跨流域调水和海水淡化解决水危机的战略。

大连市政府组织专家进行水资源战略研究，并以此作为水资源决策依据。在总结了大连市几十年给水排水工程设计和科学研究经验的基础上，依据水的循环规律，得出大连市水资源可持续利用、水环境的改善出路在于城市用水的健康循环的结论。将城市污水视为稳定的淡水资源，普及污水二级处理和深度处理，创建城市再生水道——即以城市污水为水源的城市第二供水系统，同时开辟雨水与海水利用。

8.3.1 污水资源战略

在充分调查与分析再生水用户的基础上，统筹考虑大连城区再生水厂的数量与分布、供水规模和供水区域，将大连市再生水道系统划分成9个子系统，参见表8-5和图8-3。

大连中心城市再生水利用系统表　　　　　表8-5

编号	名　称	规模（万 m^3/d）		主　要　用　户
		2010年	2020年	
1	旅顺西南部子系统	8.3	13.6	工业、河湖环境、地下水回灌
2	凌水－龙王塘－小孤山子系统	0.0	1.4	河湖环境、绿化与市政杂用
3	中心区－甘井子子系统	6.5	9.5	地下水回灌、河湖环境、绿化
4	营城子－牧城驿－夏家河子系统	3.1	5.8	工业、地下水回灌、河湖环境
5	金州子系统	5.2	10.6	地下水回灌、河湖环境
6	开发区－度假区子系统	2.8	4.8	河湖环境、工业、绿化
7	得胜－登沙－杏树屯子系统	4.3	9.3	河湖环境、农业、工业
8	大魏家－七顶山子系统	2.4	4.9	地下水回灌、河湖环境、农业
9	石河－三十里堡子系统	1.6	3.7	河湖环境、农业、工业
	合　计	34.2	63.6	

大连市城市再生水道至2020年总规模为 $70\times10^4\,m^3/d$，年供再生水 $2.6\times10^8\,m^3$，污水深度处理与再生水输配管网的总投资17.5亿元，制水总成本 $1.1\,元/m^3$。城区再生水道的建设，不仅可以补充枯水年约 $2.6\times10^8\,m^3$ 的淡水之缺，而且相对二级处理水排放而言可减少排河、排海污染负荷 TN 6400t，TP 1300t，CODcr 25550t。相对原污水而言，可削减年污染负荷 TN 12800t，TP 2600t，CODcr 77000t。城区再生水道的建设，将切实地改善内河与近岸海域水水质，是大连市水资源可持续利用和陆海水环境恢复的必由之路。

图 8-3 大连市再生水道系统规划图

8.3.2 海水资源战略

大连市域海岸线长 1906km，海水直接利用于工业冷却水在大连已有长久的历史和成熟经验。规划至 2010 和 2020 年，沿海岸企业增加海水直流冷却替代淡水资源的数量分别为 $4\times10^4\,m^3/d$ 和 $8\times10^4\,m^3/d$，海水也是大连市重要的非传统水资源。

海水淡化技术在 21 世纪内将有更为广泛的应用。近年来膜组件的性能已经有了长足发展，制水成本在逐年降低，但由于装置规模受限、成本尚高，暂不宜大量采用。但可以在沿海岸的火力发电厂的锅炉用水、远离大陆的海岛——长海县和淡水极度缺乏的旅顺口区的生活饮用水中应用，其总量到 2020 年有望达到 $15.5\times10^4\,m^3/d$。

8.3.3 大连市水资源总战略

大连市长久水资源的可持续利用，仍需依靠提高污水深度处理再生利用率，依靠大连本地区本流域的水资源（含天然淡水资源，城市污水与海水资源）。不宜匆匆跨流域调水，"引洋入连"工程将导致鸭绿江流域和河口地区的生态问题，在没有充分利用本地水资源之前，不宜启动。

在本地区的非传统水资源——污水、雨水、海水之中，应优先发展城市污水的再生、再利用和再循环，这可以在增加大量水资源的同时解决环境污染问题。次之补充雨水渗透，贮存和利用，尤其是在长海县，雨水贮存与利用可列为重点。据估算各种水源的制水成本分别为：城市污水再生水 1.11 元/m³，海水淡化 6 元/m³，大洋河调水 5 元/m³。

8.4 第二松花江流域水环境恢复战略规划

8.4.1 水系概况

松花江是我国七大水系之一，第二松花江是正源，全长 825.4km，流域面积 7.28 万 km²，年均径流量 175×10^8 m³，流域人口 1351.97 万人（2000 年），主要城市有长春、吉林、梅河口、松原等，如图 8-4 所示。

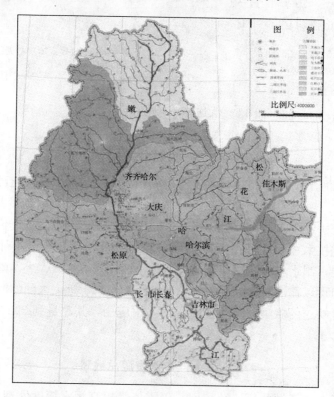

图 8-4　松花江水系图

20 世纪 50 年代之初，第二松花江干流水质清澈，两岸满山碧秀。"一五"期间和其后，沿江兴建了一大批工业企业，数百个污染源每年向江中排放数万吨污染物，致使江水遭到严重污染。到 20 世纪 60 年代末期，吉林江段 COD 浓度达 39.60mg/L，汞 0.055mg/L，酚 0.18mg/L，氰 0.30mg/L，从而引起吉林省、市政府的重视，改革了以汞做触媒的染料工艺，切断了汞的源头污染，同时建设了吉化污水处理厂，江水水质得以一定的改善。但 90 年代之后，有机污染与 N、P 污染以及人工合成难降解物质的污染又日趋严重起来。

目前，第二松花江源头地区头道松花江、二道松花江仍为Ⅱ类水体，但已有污染迹象。干流吉林市区之上基本为Ⅲ类水体，市区之后九站至白旗江段为Ⅳ、Ⅴ类水体，松原市之后又渐有恢复，到与嫩江汇合之处三江口基本是Ⅲ类水体。支流辉发河自 1998 年到 2003 年由Ⅲ类变成Ⅳ类又沦为Ⅴ类，对松花江水质产生了严重影响。同时期伊通河水质一直是Ⅴ类，主要受长春市的污染，基本上是长春市区的排水沟，是第二松花江污染最严重的河段，受其影响饮马河靠山南楼断面一直为Ⅴ类水体。总之多年来，第二松花江的水质污染不但没有得到遏制，反而有向源头发展的趋势。主要污染物是有机物、N 和挥发酚。2003 年入河工业废水量为 $22348.5\times10^4\,m^3$，COD 70758t。流域内最大的工业废水污染源是吉林市，占全流域的 60%，污水排放量是长春市的 25 倍，COD 排放量是长春市的 9 倍，NH_4-N 是长春市的 15 倍。工业点源治理重点对象是吉林市，其次是长春市和松原市。废水排放量贡献率最高的三个行业是化工、造纸和纺织业，合计占工业废水排放量的 81%；COD 排放贡献率最高的三个行业是造纸、食品和化工，合计占总排放量的 85%。

近年来生活污水排放量和排放 COD 呈上升趋势，2003 年入河生活污水量 $25411.2\times10^4\,m^3$，入河 COD 113322.5t，已超过工业废水排放量。其中长春污水排放量 $14743.2\times10^4\,m^3$，吉林市 $11075\times10^4\,m^3$，两市之和占全流域总排放量的 82%。

第二松花江流域年施用化肥量 80×10^4 t（折纯），平均折纯化肥施用量 $274kg/hm^2$，实物量 $450kg/hm^2$，远远高于发达国家化肥施用量上限。施用于农田上的化肥，仅有少部分被作物吸收，60%以上都随农田径流进入水体，是水体富营养化的重要原因。农药进入水体对水生动植物造成潜在危害，并通过食物链危害人类生存和人体健康。

2003 年第二松花江流域共有规模化养殖场 329 个，养殖数量 624146 头（折成猪），排放污染负荷 COD 10548.4t，氨氮 2106.5t。其中伊通河流域长春地区居多，对伊通河造成严重污染。

第二松花江上游东部地区由于过垦、过伐、开矿、采石、挖沙等活动造成了严重的水土流失。全流域水土流失面积 $2.7\times10^4\,hm^2$，占流域面积的 37%。

8.4.2 水环境恢复战略研究

要从根本上解决第二松花江水污染问题，应从流域全局出发将水污染和水资源问题合并处理，统筹考虑，打开专业、行业局限，从水循环的视角提出系统解决方案，为此必须把水污染控制和水资源可持续利用上升到水环境恢复的高度，以建立流域水系统健康循环为途径,以水环境的恢复为目标。

当前主要战略任务是保护松花湖,保护各个饮用水水源水质,满足人民对饮水安全的基本要求;进行重点污染源和重点城镇污染的消除和消减;广大乡村农田、畜禽养殖污染的源头分离,最终实现全流域用水的健康循环和水环境恢复。并将此作为吉林省生态省建设的重要内容和地方社会经济发展的重要目标。

(1) 编制流域水系统健康循环规划

以第二松花江流域为单位,按照健康水循环的思想,编制第二松花江流域水系统健康循环规划,并以此为基础进一步编制各个子流域规划及各个城镇用水的健康循环规划。落实水资源的再生、再利用和再循环等水环境恢复的方针,真正做到上游地区的用水循环不影响下游水域的水体功能,水的社会循环不损害水的自然循环规律。

(2) 保护松花湖等饮用水源地

松花湖是吉林省最大的河流性人工湖,是吉林市、长春市的饮用水源地,近年来松花湖水质污染的现象已经凸现,湖湾已有富营养化趋势。虽然现在还可以作为城市集中水源,但危机严重存在,一旦松花湖变成第二个滇池,不但吉林省的发展无从谈起,第二松花江下游和松花江干流也将受到严重影响,所以松花湖水质必须恢复为Ⅱ类水体。松花湖水体的恢复在于建立湖域的健康水循环,杜绝或大力削减松花湖汇水区域内人为生产和生活活动对湖水的污染,调整沿湖农业产品结构,调整湖域内城镇的企业布局,实施湖域内各个城镇水系统的健康循环。

1) 面污染综合治理

目前湖区水土流失面积已达 $8\times 10^4 \text{ hm}^2$,湖内每年泥沙淤积达 $811\times 10^4 \text{ t}$。湖区内每年施用化肥 $7.6\times 10^4 \text{ t}$,农药 $0.14\times 10^4 \text{ t}$,其农作物利用率低于 35%,其余经雨水径流流入湖内,是湖水 TN、TP 污染的主要贡献者。松花江源头头道松花江流经靖宇县、抚松县,二道松花江流经安图县、抚松县、桦甸市,在这些源头区域内应节制农业与畜牧业,并实施人畜排泄物的源头分离,建立有机农业和生态山村,继续坚持封山育林、退耕还林政策,恢复良好的森林植被,确保源头水质安全。

2) 入河支流污染负荷的削减

辉发河每年入湖径流占湖水容量的 30%,流经梅河口市、东丰县、柳河县、磐石市、桦甸市和辉南县。蛟河横跨蛟河市,是松花湖右岸主要补给水源。各支流流域总人口 400 多万,每年有 5000 多万吨未经处理的城镇(含工业)污水入湖,携带 12000 多吨 COD,是构成湖水污染的主要来源之一。

因此辉发河、蛟河等流域上的十余座城镇都必须建设污水处理再生设施和垃圾处理设施,只有高质量的再生水才可入湖,才能实现辉发河和蛟河两岸城镇群的健康水循环。其标志是污水处理率接近100%，深度处理率达80%以上，回用率达30%以上。

3) 控制近湖区人为污染

目前近湖区宾馆、疗养院、饭店有百多家，床位6549个，年排放污水12×10^4t，固体废弃物500t。因此必须严格限制旅游业的发展；同时对现有污水和固体废弃物进行妥善处理，严格排放标准；节制养鱼水面和网箱养殖；防治渔船、游船的油污染。

4) 制定松花湖地区水环境保护的地方性法规

在《中华人民共和国水法》、《中华人民共和国水污染防治法》和现有的《吉林省松花江三湖保护区管理条例》的基础上，根据健康水循环的要求，制订地方性法规。

5) 建立松花湖水环境管理委员会

(3) 加强有毒有害污染物的检测和防治

20世纪50年代以来，第二松花江沿江兴建了大批工业企业，数百个污染源每天向江水中排放大量污染物，其中也有人工合成的难降解物质和有毒有害污染物。20世纪60年代曾发生的汞污染和2005年发生过有机苯系化合物的突发污染，给水生动植物和人群的健康造成了危害和潜在危险。但这仅仅是一时的集中体现，长期的暴露与危害则更为严重。第二松花江沿岸各工厂必须尽快实现有毒有害物质的零排放。在查清来源的基础上，通过合理改变工业布局、推行清洁生产、改革生产工艺、推行源头控制为主，末端治理为辅，以实现有毒有害物质的零排放，保障流域用水的水质安全。政府应强化监督和管理，并给予政策上的支持。

(4) 建立吉林市城市水系统健康循环

吉林市境内江河纵横，水系发达，第二松花江缠绕吉林市区成S形蜿蜒而过。上游松花湖、红石湖、白山湖均位于市境之内，是全国少有的水资源丰富的大城市，人均3500m³/a。"一五"期间全国的156项重点项目，有7个半建在吉林市，之后又相继建设了化纤、毛纺、制药等工业企业，使吉林市成为以化工、电力为基础各部门齐备的现代化工业城市，为国家经济建设作出了巨大贡献，同时也使第二松花江水质及流域水环境遭到了严重的破坏。吉林市污水处理率低下，仅有吉化公司工业废水处理厂处理生产废水和化工区生活污水，老市区和江南大部分生产与生活污水则直接排江，成为第二松花江的最大污染源。20世纪80年代以来吉林市区之后的江段，鱼虾基本绝迹。消减吉林市工业废水和城市污水的污染负荷是第二松花江水环境恢复的重中之重。因此吉林市应按照水健康循环的理论，在全省率先建立起城市水系统健康循环，实现水环境的全面恢复和流域水资源的可重复利用。

1) 建立完善管理体系

建立权责统一的管理机构,对吉林市水的社会循环统一管理,统筹管理城市给水系统和排水系统,贯彻节制用水、污水再生再利用再循环的原则。将实现健康社会水循环纳入相关政府官员的政绩考核,建立任期目标责任制和责任追究制,对考绩不合格者不予升迁。

2) 推行节制用水

吉林市水资源丰富,工业产品用水量是发达国家的5～10倍,节制用水潜力巨大,是削减水体污染的首要手段。通过调整区域经济、产业结构和城市组团等手段合理利用水资源,提高工业水重复利用率,限制高耗水项目,淘汰高耗水工艺和高耗水设备;重点抓冶金、石化、造纸等行业的技术改造,推广新技术新工艺;通过阶梯水价等办法,鼓励节水设备、器具的研制,逐步降低生活与生产用水定额。

3) 全面推广工业企业循环经济

吉林市企业群沿用了传统经济运行方式,是资源消耗－工业产品－污染排放的物质单向流动的线性经济,对资源粗放的一次性利用所产生的高消耗、低利用、高废弃的现象直接造成了环境的恶性破坏。必须以生态学规律为指导,通过生态经济综合规划,重新设计吉林市企业群的经济活动,使不同企业之间形成共享资源和互换副产品的产业共生组合;使上游生产过程的废弃物成为下游企业的原材料,达到产业之间资源的最优化配置;使区域的物质和能源在梯次和循环利用中得到充分利用。从而实现"资源－生产－消费－再生资源"的循环经济模式,使经济系统与自然生态系统的物质循环过程相互和谐,达到社会经济可持续发展和环境的有效保护。

目前少数企业已进行了有益的探索和实践。吉林镍工业公司,从镍废料中回收再生镍,用采矿废矿石和尾矿填充矿井,用水淬渣和锅炉渣做水泥填充料;建污水处理站,污水再生回用率达80%;回收冶炼过程产品SO_2,回收率达70%。这些举措减小了矿区废弃物的污染,也为公司提供了部分原料。吉化集团公司采取蒸汽冷凝水回收、污水深度处理再利用、改直冷水为循环冷却等循环用水方式,使新水的利用量从2001年17951m^3/a降到2003年的10980m^3/a。铁合金厂改革炉渣处理工艺,由水淬变为炉渣膨化,大大减少了废水产生量;进行电炉封闭、煤气与余热回收,回收了可观再生能源;利用铬铁渣、硅锰渣制水泥、制砖,使冶炼废弃物变成了生产原料。

然而按照循环经济的"3R"原则,即"减量化、再利用、再循环"的原则,上述这些仅仅是点滴而已,而且大部分企业还没有建立起循环经济的意识。省市政府、发改委应组织企业家、工艺师、环保专家组成吉林市企业群循环经济专门研究和规划委员会,切实规划循环经济企业链。尽可能减少资源消耗和污染物的产生，同时宣传群众改变产品使用方式，做到物尽其用，延长产品的寿命和产品的服务效能。可以说，在这方面的每一个进步都是对地球和人类的贡献。

4）提高污水处理率和污水处理程度

吉化污水处理厂自 1980 年投产以来，基本将江北工业区生产生活污水集中处理后排江，对第二松花江水质保护作出了重要贡献，但出厂水水质还达不到一级 B 标准。另外排放水中尚存在人工合成微量有毒有害污染物，为此必须提高江北地区排水系统的功能。

A. 在厂区内、车间内采用物理化学等方法去除有毒有害物质，防止其进入污水系统而排放水体，同时也提高了吉化污水处理厂进厂水的可生化性。

B. 逐步建设吉化污水处理厂的深度处理装置，最终使其成为再生水厂。除积极发掘再生水用户外，还要将高质量再生水排江以恢复吉林江段的水质。

即将投入使用的七家子污水处理厂，收集主城区、江南、丰满等区生活污水和零星工业废水，总规模 $30 \times 10^4 \mathrm{m}^3/\mathrm{d}$。待系统完善和投产后，吉林市区污水二级处理普及率将接近 100%，但是还应续建深度处理，以保障第二松花江吉林江段的水质恢复。

（5）建立长春市城市群的健康水循环

长春市城市群主要包括伊通河沿岸的长春、伊通和农安、饮马河沿岸的双阳、九台和德惠，他们对伊通河和饮马河的污染相当严重。饮马河靠山南楼断面和伊通河杨家崴子大桥以下近年来水质一直是劣 V 类。

长春市城市群对第二松花江干流污染的贡献非常大，但治理力度远不如吉林市。现在长春市的污水处理率只有 10.86%，绝大部分污水未经处理直接进入伊通河和饮马河。

要恢复伊通河和饮马河的水环境，必须按照水环境恢复理论建立起长春市城市群的健康水循环，这是唯一的途径。应对第二松花江长春区域进行详细的点源和非点源等污染源分析，确定各城镇对第二松花江污染的贡献率，合理确定各城镇污染负荷削减率，合理确定各城镇可用新鲜水量和最大允许污水排放量及污水必须达到的水质。分析潜在的再生水用户对水质的要求，合理确定再生水利用规模并对再生水道进行详细规划。应该做到每个城镇都有安全可靠的供水系统，完善的污水汇集、处理与再生回用系统，污水处理率应接近 100%，深度处理和再生水回用率应达到 30%~50%。这样才能做到长春地区的用水循环不影响干流水域的水体功能，真正实现城市群间水资源的重复利用，同时使伊通河和饮马河的水质得到恢复，保证松花江干流水质，确保下游哈尔滨等城镇的水源安全。

主要参考文献

[1] A. Savic Dragan, A. Marino Miguel, H. G. Savenije Hubert, et al. Sustainable Water Management Solutions for Large Cities, Wallingford: IAHS Press no. 293, 2005.

[2] A. M. Duda, M. T. El－Ashry. Addressing the global water and environment crisis through integrated approaches to the management of land, water and ecological resources. Water International. 2000, 25 (1): 115~126.

[3] Aziz MA, Koe LCC. Potential utilization of sewage sludge. Wat. Sci. &Tech. 1990, 22 (12): 277~285.

[4] Brown RR. Impediments to integrated urban storm water management: The need for institutional reform. Environmental Management. 2005, 36 (3): 455~468.

[5] Bruce Durham, Stephanie Rinck-Pfeiffer, Dawn Guendert. Integrated Water Resource Management-through reuse and aquifer recharge. Desalination. 2003, 152 (1－3): 333~338.

[6] C. S. Sokile, J. J. Kashaigili, R. M. J. Kadigi. Towards an integrated water resource management in Tanzania: the role of appropriate institutional framework in Rufiji Basin. Physics and Chemistry of the Earth, Parts A/B/C. 2003, 28 (20－27): 1015~1023.

[7] Daniel P. Loucks, John S. Gladwell 著. 王建龙译. 水资源系统的可持续性标准. 北京: 清华大学出版社, 2002: 1~2.

[8] E. Friedler. The Jeezraelvalley Project for Wastewater Reclamation and Reuse, Israel. Wat. Sci. &Tech. 1999, 40 (4~5): 347~354.

[9] 董辅祥, 董欣东. 城市与工业节约用水理论. 北京: 中国建筑工业出版社, 2000.

[10] 国家环境保护总局. 2003 年中国环境状况公报. 2004.

[11] 国土资源部. 中国地质环境公报（2004 年度）. 2005.

[12] 刘昌明, 何希吾. 中国 21 世纪水问题方略. 科学出版社, 1996.

[13] 刘更另. 水・水资源・农业节水. 中国工程科学. 2000, 2 (7): 39~42.

[14] 钱正英, 张光斗. 中国可持续发展水资源战略研究. 中国水利水电出版社, 2001.

[15] 熊必永, 张杰, 李捷. 深圳特区城市中水道系统规划研究, 给水排水, 2004, 30 (2): 16~20.

[16] 杨立信, 国外调水工程, 北京: 中国水利水电出版社, 2003.

[17] 张杰, 熊必永, 李捷, 等. 污水深度处理与水资源可持续利用, 给水排水, 2003, 29 (6): 29~32.

[18] 张杰, 曹开朗. 城市污水深度处理与水资源可持续利用. 中国给水排水. 2001, 17 (3): 20~21.

[19] 张杰,熊必永,陈立学,等. 中国における健全な水環境および水循環への步み. Journal of Japan Sewage Works Association. 2005,48(2):41~50.
[20] 张杰,熊必永. 创建城市水系统健康循环促进水资源可持续利用. 沈阳建筑工程学院学报(自然科学版). 2004,20(3):43~45.
[21] 张杰,熊必永. 水环境恢复方略与水资源可持续利用. 中国水利A. 2003,(6):13~15.
[22] 张杰,张富国. 提高城市污水再生水水质的研究. 中国给水排水. 1997,13(3):19~21.
[23] 张杰,熊必永. 城市水系统健康循环的实施策略. 北京工业大学学报,2004,30(02):63~67.
[24] 张杰. 城市水资源、水环境与城市污水再生回用. 给水排水. 1998,24(8):1~3.
[25] 张杰. 水资源、水环境与城市污水再生回用. 给水排水. 1998,24(8):1.
[26] 张杰. 我国水环境恢复与水环境学科,北京工业大学学报,2002,28(2):178~183.
[27] 中国科学院地学部长江三角洲经济与社会可持续发展咨询组. 长江三角洲经济与社会可持续发展若干问题咨询综合报告. 地球科学进展,1999,14(1):4~10.
[28] 中华人民共和国国家统计局,中国统计年鉴2003,北京:中国统计出版社,2003.

高等学校给水排水工程专业指导委员会规划推荐教材

征订号	书　名	作　者	定价（元）	备　注
12223	全国高等学校土建类专业本科教育培养目标和培养方案及主干课程教学基本要求——给水排水工程专业	高等学校土建学科教学指导委员会给水排水专业指导委员会	15.00	
13101	水质工程学	李圭白、张杰	63.00	国家级"十五"规划教材
16933	水健康循环导论	张杰、李冬	20.00	
16873	给水排水管网系统（第二版）	严煦世、刘遂庆	34.00	国家级"十一五"规划教材
10304	水资源利用与保护	李广贺等	33.40	国家级"十五"规划教材
14004	给排水工程仪表与控制（第二版）	崔福义等	35.00	国家级"十五"规划教材
12605	建筑给水排水工程（第五版）	王增长等	36.00	土建学科"十五"规划教材
10306	城市水工程概论	李圭白等	20.30	土建学科"十五"规划教材
14006	水文学（第四版）	黄廷林等	22.00	国家级"十一五"规划教材
16934	水处理实验技术（第三版）（含光盘）	吴俊奇等	39.00	土建学科"十一五"规划教材
16071	泵与泵站（第五版）	姜乃昌等	27.00	土建学科"十一五"规划教材
14005	水处理生物学（第四版）	顾夏声、胡洪营	35.00	土建学科"十五"规划教材
16336	水分析化学（第三版）	黄君礼等	49.00	土建学科"十五"规划教材
15247	有机化学（第三版）	蔡素德等	36.00	土建学科"十一五"规划教材
10303	水工艺设备基础	黄廷林等	30.00	土建学科"十五"规划教材
12607	水工程法规	张智等	32.00	土建学科"十五"规划教材
12606	水工程施工	张勤等	43.00	土建学科"十五"规划教材
16882	水力学（附网络下载）	张维佳	23.00	土建学科"十一五"规划教材
17463	城镇防洪与雨洪利用	张智等	32.00	土建学科"十一五"规划教材
12166	城市水工程建设监理	王季震等	24.00	土建学科"十五"规划教材
10302	水工程经济	张勤等	39.40	土建学科"十五"规划教材
13464	水源工程与管道系统设计计算	杜茂安等	19.00	土建学科"十五"规划教材
13465	水处理工程设计计算	韩洪军等	36.00	土建学科"十五"规划教材
13466	建筑给水排水工程设计计算	李玉华等	30.00	土建学科"十五"规划教材
16928	土建工程基础（第二版）	唐兴荣等	48.00	土建学科"十五"规划教材
13496	城市水系统运营与管理	陈卫、张金松	39.00	土建学科"十五"规划教材

以上为已出版的指导委员会规划推荐教材。欲了解更多信息，请登陆中国建筑工业出版社网站：www.cabp.com.cn查询。

在使用本套教材的过程中，若有任何意见或建议，可发Email至：jiaocai@cabp.com.cn。